Asnath M. Fuah
Hotnida C.H. Siregar
Dewi Apri Astuti

A criação de críquete na Indonésia: Desafio e oportunidade

Asnath M. Fuah
Hotnida C.H. Siregar
Dewi Apri Astuti

A criação de críquete na Indonésia: Desafio e oportunidade

ScienciaScripts

Imprint
Any brand names and product names mentioned in this book are subject to trademark, brand or patent protection and are trademarks or registered trademarks of their respective holders. The use of brand names, product names, common names, trade names, product descriptions etc. even without a particular marking in this work is in no way to be construed to mean that such names may be regarded as unrestricted in respect of trademark and brand protection legislation and could thus be used by anyone.

Cover image: www.ingimage.com

This book is a translation from the original published under ISBN 978-3-659-86826-9.

Publisher:
Sciencia Scripts
is a trademark of
Dodo Books Indian Ocean Ltd. and OmniScriptum S.R.L publishing group

120 High Road, East Finchley, London, N2 9ED, United Kingdom
Str. Armeneasca 28/1, office 1, Chisinau MD-2012, Republic of Moldova, Europe
Managing Directors: Ieva Konstantinova, Victoria Ursu
info@omniscriptum.com

Printed at: see last page
ISBN: 978-620-8-40598-4

Reconhecimento

É um grande prazer ter este livro intitulado: **"Cricket Farming in Indonesia: Challenge and Opportunity"**, pronto para ser revisto e publicado. Antes de mais, agradeço a Deus pela Sua Graça e Misericórdia, para que pudéssemos finalizar esta monografia. Em nome da nossa equipa de investigação, gostaria de estender os nossos agradecimentos e apreço à Lambert Academic Publishing, que demonstrou um grande interesse em temas relacionados com os grilos e nos solicitou que escrevêssemos este livro para um vasto leque de leitores e para aqueles que têm interesse. Esta oportunidade abriu-nos a mente para ver os insectos de um ângulo diferente, como uma criatura única e importante com a qual trabalhar e que tem grandes benefícios para os pequenos agricultores.

Foi um longo caminho de preparação efectuado em termos de investigação, ensaios, recolha de dados e revisão de todos os relatórios sobre grilos nos últimos oito anos. Os dados foram obtidos e adoptados a partir de várias fontes: séries de experiências realizadas no laboratório agrícola da Faculdade de Ciências Animais da Universidade Agrícola de Bogor, inquéritos, relatórios e revisões da literatura. Foram também efectuadas várias visitas a quintas de criação de grilos para enriquecer a nossa compreensão e os nossos conhecimentos sobre as práticas de criação de grilos urbanos. Como equipa de investigação, Ir Hotnida
C. H. Siregar, M.Si; Yuni C. Endrawati, S.Pt. M.Si.; Prof. Dr. Dewi A. Astuti, e eu próprio, com o apoio do nosso técnico, Winarno, SP, todos temos estado envolvidos com os grilos através de muitas actividades académicas e de investigação. Começámos a interessar-nos por este inseto desde que foi apresentado pela primeira vez, há cerca de dez anos, pelo Prof.
D. T.H. Sihombing, (falecido em 2011), foi um grande investigador inovador e um escritor eficaz com as suas ideias, conceitos e trabalhos brilhantes sobre insectos. Neste sentido, este livro é-lhe dedicado como recordação da sua dedicação e paixão pela ciência e pela educação.

Este livro só pôde ser realizado graças às grandes contribuições, ajuda e apoio que recebemos de muitas partes e pessoas. Em primeiro lugar, da nossa instituição: A Faculdade de Ciências Animais da Universidade Agrícola de Bogor, que nos proporcionou e facilitou todas as facilidades para o ensino, a investigação e as aulas práticas. Em segundo lugar, todos os redactores, incluindo Lilis Khotijah, Andika Sunyoto e os estudantes, que participaram na preparação, recolha de dados e redação, para que este processo de edição fosse possível. Com diferentes antecedentes e áreas de interesse dos escritores, o conteúdo deste livro abrangeu todos os aspectos da criação de grilos na Indonésia, incluindo a forma como os grilos podem sobreviver nas suas zonas ecológicas, a capacidade de produção e reprodução, a gestão e as práticas de alimentação e de alimentação, os grilos como fonte de alimentação para o gado, o potencial económico, as limitações e as estratégias para uma produção sustentável de grilos . São delineadas recomendações para trabalhos e programas futuros. Percebemos que o grilo tem potencial para ser desenvolvido para diversos fins: inicialmente, no presente, como alimento para animais (aves, peixes, répteis e pequenos ruminantes); no futuro, pode ser possível desenvolver empresas de grilo voltadas para a produção de materiais ou produtos para uso em cosméticos e, possivelmente, para consumo humano.

Por último, mas não menos importante, gostaríamos também de reconhecer e estender os nossos agradecimentos aos produtores de grilos, e ao Sr. Achmad como líder do grupo de produtores em Bekasi- Indonésia. A sua vasta experiência e conhecimento forneceram-nos dados e informações importantes sobre a criação urbana de grilos. Apercebemo-nos que a informação apresentada neste livro ainda não cobre todos os aspectos relacionados, devido a algumas limitações em termos de tempo e recursos. Há uma janela aberta para uma futura colaboração com partes e instituições relacionadas para desenvolver uma abordagem integrada de investigação e desenvolvimento, incluindo a criação de negócios com grilos. Quaisquer sugestões e conselhos dos leitores para enriquecer e tornar este livro útil serão muito apreciados.

Bogor, março de 2016
Editor,

Asnath M. Fuah
Departamento de Produção e Tecnologia Animal
Faculdade de Ciência Animal, Universidade Agrícola de Bogor

ÍNDICE DE CONTEÚDOS

Capítulo 1	**4**
Capítulo 2	**7**
Capítulo 3	**10**
Capítulo 4	**15**
Capítulo 5	**30**
Capítulo 6	**39**
Capítulo 7	**50**

CAPÍTULO 1
INTRODUÇÃO GERAL

A criação de animais que não são animais de criação, tais como abelhas, minhocas, bichos-da-seda, grilos, ratos, borboletas, aves e outros animais em perspetiva, começa agora a ser reconhecida, uma vez que apresentam várias vantagens em comparação com outros animais convencionais. Os insectos tornam-se um novo negócio a considerar nas zonas urbanas com poucos recursos para as actividades agrícolas. Para gerir um negócio de insectos, uma pessoa não precisa de um grande capital, uma vez que não requer uma grande área ou cuidados especiais. Os animais não são apenas fáceis de criar, mas os custos operacionais também são bastante baixos, o que faz com que este negócio tenha potencial económico. Um deles é o dos grilos, que se tornam normalmente importantes fontes de alimentação para outros animais, tais como aves, répteis e peixes, e fornecem componentes importantes para a preparação de alimentos para animais. Acredita-se que as aves alimentadas com grilos produzirão um som distinto e único. Estas caraterísticas dão um certo entusiasmo ao proprietário de aves que as mantém como passatempo ou que as vende a um preço mais elevado. De facto, os grilos são geralmente utilizados como fonte de proteínas alternativas, tanto para as aves como para o gado convencional, e para consumo humano em algumas regiões de Java Central. Os grilos têm um elevado teor de proteínas (61,58%) com um teor de aminoácidos bastante completo. O teor proteico é mesmo capaz de substituir uma série de fontes de material proteico, como a farinha de soja e a farinha de peixe, que são normalmente utilizadas na alimentação animal.

Existem mais de 100 espécies de grilos na Indonésia (Paimin *et al.* 1999), mas apenas algumas espécies que foram cultivadas pelos agricultores incluem o grilo de *Cliring (Gryllus mitratus), o* grilo de *Cendawang (Gryllus testaceus)* e o grilo de *Kalung (Gryllus bimaculatus),* e um pouco raramente, os grilos alemães. De acordo com Sukarno (1999), os grilos locais da Indonésia vivem e adaptam-se geralmente bem a qualquer ambiente com uma temperatura que varia entre 22-320C e uma humidade que varia entre 65-80%. Uma fêmea *de G. bimaculatus* pode pôr 1 375-4 123 ovos de uma só vez, *G. testaceus* pode produzir 1 164-1 565 ovos durante 45 dias e os grilos alemães produzem 1 200-1 400 ovos por ciclo. O ciclo de vida dos grilos era bastante curto, cerca de 51-99 dias para os grilos alemães e 74-120 dias para os grilos locais. Os grilos pertenciam aos insectos fitófagos, tal como outros membros dos Orthoptera (Chapman, 1975), podendo sobreviver numa variedade de locais com fontes limitadas de alimentação e em ambientes adversos. Os grilos adaptaram-se bem aos seus habitats e em ambientes naturais adequados, uma vez que eram capazes de comer todo o tipo de frutas, legumes, folhas variadas, insectos mortos, etc. (Walker, 1987; Hasegawa e Kubo, 1996; Siregar *et al.*, 2014)). O nosso estudo, que foi semelhante ao de Paimin *et al.* (1999), revelou que os grilos preferiam comer folhas jovens que continham muita água, como alface, couve, espinafre, folhas de papaia, De acordo com Ueckert e Hansen (1970), a preferência alimentar dos grilos foi muito influenciada pelas estações do ano e pela disponibilidade de alimentos. Os resultados da investigação revelaram que a produtividade dos grilos criados pela comunidade de criadores não era a ideal em termos de produção de ovos, eclodibilidade e taxas de mortalidade, porque essas empresas de grilos eram classificadas como de pequena a média escala e não eram apoiadas por uma gestão agrícola adequada e um ambiente favorável. Por outro lado, o baixo acesso dos agricultores a um mercado diversificado com bons preços, a indisponibilidade de tecnologia adequada para a criação e gestão da alimentação e as elevadas taxas de mortalidade tornaram-se obstáculos à melhoria da escala do negócio. A disponibilidade de uma grande variedade e de tipos de alimentos locais na Indonésia, que não concorrem com o consumo humano, poderia tornar-se um fator de apoio à criação de grilos.

Porquê escolher os grilos? Com base nas caraterísticas gerais dos grilos, que são fáceis de criar com muito poucos factores de produção, com um ciclo de vida curto e uma produção relativamente elevada por ciclo, e na procura crescente do inseto e dos seus produtos, a possibilidade de desenvolver empresas de criação de grilos em zonas urbanas pode envolver agricultores sem terra e com pouco capital. Fuah, *et al.* (2015), mostraram os benefícios dos grilos para melhorar o rendimento dos pequenos agricultores, e podem tornar-se a força motriz para a criação de grilos como escolha de negócio prospetivo. Para nosso conhecimento, várias regiões da Indonésia foram reconhecidas como centros de cultivo de grilos em termos de actividades comerciais. De acordo com Kurniawan (2010), a análise económica da produtividade dos grilos pode ser classificada em técnica e económica. Tecnicamente, a produtividade foi calculada como o rácio entre a produção e a entrada através do aumento da produtividade. Isto implica uma produção de críquete e uma melhoria significativa de quaisquer métodos utilizados para gerir a empresa. Do ponto de vista económico, a produtividade é um esforço para obter o máximo de resultados com a menor utilização de recursos. Por conseguinte, tendo em conta o seu grande potencial, não há dúvida de que a criação de grilos pode tornar-se uma atividade alternativa para um rendimento monetário significativo para os pequenos agricultores. Para o desenvolvimento local da cultura de grilos, é necessário efetuar mais estudos sobre a mesma e fornecer informações a jusante, especialmente sobre a transformação e a comercialização. Os apoios do governo e de quaisquer instituições de investigação relacionadas poderiam ajudar a desenvolver vários tópicos de investigação sobre grilos como alimento e como oportunidade de negócio alternativo.

CAPÍTULO 2
CRIAÇÃO DE GRILOS NA

Yuni Cahya Endrawati e Andika Sunyoto

2.1. Geografia Distribuição e Habitat

Os grilos podem ser encontrados em quase todas as partes do mundo, exceto na região polar. O maior número de grilos foi encontrado na maioria dos países tropicais, o número de espécies encontradas num determinado local dependia das condições ambientais locais (Linsemaier (1972). Para além das diferenças morfológicas encontradas na subfamília da família Gryllidae, existem também algumas diferenças relacionadas com cada habitat onde vivem habitualmente. Entre todas as famílias de grilos, havia: subfamília de Oceanthinae como grilos de árvores; subfamília de Eneopterinae como grilos de arbustos; subfamília de Mogoplistinae como grilos escamosos; subfamília de Myrmecophilinae como grilos amantes de formigas; subfamília de Nemobiinae como grilos do solo; e subfamília de Gryllinae como grilos domésticos e grilos do campo. Os grilos domésticos e os grilos do campo vivem normalmente em prados, campos abertos, ao longo das bermas das estradas, nos quintais e alguns entram em casa (Borror et al 1992).

Existem cerca de 1.000 espécies de grilos pertencentes à família Gryllidae, das quais aproximadamente 123 espécies se distribuem por quase toda a Indonésia, encontrando-se sobretudo em zonas secas com uma temperatura de 20-30°C e uma humidade de 65-80%, mesmo em zonas com solo solto ou areia e arbustos (Paimin, *et al,* 1999). *Gryllus testaceus (*grilos *de Cliring*), *Gryllus mitratus (*grilos *de Cendawang*) e *Gryllus bimaculatus (*grilos de *Kalung*) são atualmente muito cultivados pelos agricultores e têm mercados especiais. De acordo com Esa (1998), a grande colheita de grilos dos arrozais ocorreu de dezembro a abril, durante a estação seca, a estação muito adequada para os grilos se adaptarem e poderem atingir uma elevada taxa de população num período muito curto. Notícias citadas por Kompas (2015), a propagação de grilos em quase todo o território da Indonésia esteve muito relacionada com as condições climáticas, temperaturas e humidade adequadas para o crescimento dos grilos. Para além dos que ainda vivem nos seus habitats originais, os três grilos domesticados têm sido amplamente cultivados nas ilhas de Java para fins comerciais. Os centros de produção tornaram-se os principais fornecedores de grilos e ovos de reprodução para satisfazer a procura crescente do mercado de compradores na Indonésia. Várias cidades de Java Central, conhecidas como centros de cultivo de grilos, são Demak, Kudus, Purwodadi e Yogyakarta; em Java Oriental, Tulungagung,

Kediri e Porong. Em Java Ocidental, os centros de produção de grilos estão situados em Bekasi e Cirebon. Foi declarado que a produção diária em Cirebon atingia 200 kg de grilos jovens e 8 kg de ovos por dia.

Os grilos preferem viver em colónias, uma vez que, como espécies nocturnas, se escondem principalmente para evitar zonas com grande intensidade de luz, encontrando-se em locais escuros escondidos ou zonas de sombra. Por isso, eram frequentemente encontrados debaixo de pedras, pilhas de madeira, fendas de móveis e à sombra de folhagens ou ervas, como em pastos, campos agrícolas, etc. Os grilos viviam em terra: nas árvores, nos arbustos, nas cavernas e até nos buracos das grutas. Segundo Walker (1978), escondiam-se nas dobras das folhas secas ou em pedaços de terra, entre a folhagem e os restos de plantas, nos troncos das árvores ou dos arbustos, mesmo nas casas, na relva, nos campos ou nos jardins, consoante a espécie. As folhas secas são habitualmente utilizadas pelos agricultores na Indonésia para se adaptarem à natureza dos grilos em território selvagem, como as folhas de teca, as folhas de bananeira, as folhas *de ilalang*, as folhas de cana-de-açúcar e os caules de soja secos, tal como também é referido por Adihendro (1999). De acordo com Sukarno (1999), os grilos podem viver em ar frio ou quente, com humidade alta ou baixa, mas geralmente preferem viver em regiões com temperaturas entre 20-32°C e uma humidade de 6580%. Booth e Kiddell (2007) descobriram que os grilos domésticos (Achetta domesticus) cresciam mais rapidamente a 28°C do que quando mantidos a 25°C, enquanto Purwanti (1991) mostrou que as actividades dos grilos diminuíam a uma temperatura baixa (20°C) e aumentavam a temperaturas elevadas (3035°C). No caso dos grilos mantidos em gaiolas, a humidade pode ser mantida pulverizando água limpa à volta das gaiolas com um pulverizador ou um pulverizador fino ou colocando um pano de algodão/húmido dentro das gaiolas. Como afirma Bursell (1970), os insectos que vivem em ambientes com elevada humidade tendem a baixar o teor de água dos seus corpos, reduzindo a ingestão de alimentos. Desde que a variação da temperatura e da humidade se mantenha entre intervalos de conforto, será adequado para uma produção estável e um ciclo de vida mais longo dos grilos. Na sua natureza, durante o dia, os grilos escondem-se debaixo de pedras, detritos de árvores ou no solo; à noite, os animais saem em busca de alimento e de companheiros. Os grilos nem sempre podem ser encontrados na natureza porque só aparecem em certos meses, ou seja, em junho-julho e novembro-dezembro. Paimin (1999) afirmou que os grilos são difíceis de encontrar de janeiro a maio e de agosto a outubro devido ao número limitado e aos efeitos sazonais.

Com base nos resultados do estudo obtidos sobre a forma como os grilos se podem adaptar no seu ambiente natural, podem ser elaboradas algumas estratégias de cultivo. Antes de estabelecer quaisquer programas de cultivo de grilos e de produção sustentável, é necessário compreender mais pormenorizadamente todos os aspectos relacionados com a gestão e a tecnologia para apoiar uma maior produção e uma estratégia de sucesso no negócio dos insectos. O cultivo de grilos de forma eficiente necessita de boas gaiolas que representem o seu habitat natural húmido e escuro. Os materiais comuns utilizados para a criação de grilos na Indonésia são, na sua maioria, madeiras, contraplacados, plásticos ou bambus, que são fáceis de encontrar e baratos. Geralmente, as gaiolas são colocadas numa área livre de luz solar direta e equipadas com um esconderijo sob a forma de tabuleiro para ovos, folhas secas de bananeira, cartão usado de rolos de papel de seda ou outros materiais que servem para proporcionar conforto e aumentar a área de superfície da gaiola. **A figura 2.1** mostra as gaiolas mais representativas usadas pelos agricultores para a criação de grilos. Até agora, é muito raro encontrar outros sistemas alternativos de gaiolas que sejam eficientes e economicamente viáveis para a criação de grilos.

Figura 2.1. Tipo de gaiola para a criação de grilos (Fonte: Bekasi Farm)

CAPÍTULO 3
ASPECTOS BIOLÓGICOS
Hotnida C.H. Siregar, Asnath M. Fuah e Winarno

3.1. Classificação e morfologia dos grilos

De acordo com Borror et al. (1992), os grilos podem, hierarquicamente, ser classificados da seguinte forma

Reino Unido : Animália
Filo : Artrópodes
Classe : Insectos
Encomenda : Ortópteros
Sub-ordem : Ensifera
Família : Gryllidae
Sub-família : Gryllinae
Género : *Gryllus*
Espécies: variam dentro e entre regiões

Foram efectuados vários estudos sobre as três espécies bem conhecidas de grilos criados pelos agricultores na Indonésia, nomeadamente, *Gryllus mitratus (*grilo *de Cliring*), *Gryllus testaceus (*grilo *de Cendawang*) e *Gryllus bimaculatus (*grilo *de Kalung*). Também foram efectuados estudos sobre os grilos alemães, que foram apresentados aos agricultores, mas, devido a alguns problemas decorrentes das práticas de cultivo, a espécie deixou de ser criada pelos agricultores. A elevada taxa de mortalidade registada nos grilos alemães entre os 10 e os 40 dias de idade foi de 14,81%, tendo aumentado significativamente para 43% entre os 41 e os 70 dias de idade. O grilo era normalmente designado por inseto saltador, aparentado com o gafanhoto e o grilo-do-mato ou cigarra, tinha patas traseiras utilizadas para saltar, dois pares de asas e um par de antenas em forma de fio que, por vezes, excediam o comprimento do seu corpo. *O Gryllus bimaculatus* ou grilo *de Kalung* tinha um corpo de pele mais macia e uma taxa de crescimento mais rápida do que os outros dois grilos. O tamanho do seu corpo era de cerca de 2-3 cm. A pele do corpo e as asas exteriores eram pretas ou avermelhadas, e havia uma linha amarela grossa semelhante a um colar à volta do pescoço. Widyaningrum (2009) afirmou que esta espécie era relativamente calma, mas se houvesse alguma ameaça ou predadores, tornava-se agressiva e combativa, o que foi relatado pelos criadores de grilos, que referiram a necessidade de cuidados adicionais, incluindo o tipo de alimentação. Os grilos *Kalung* têm mais vantagens em comparação com outras espécies de grilos, especialmente no que respeita à taxa de crescimento e à conversão alimentar.

Dotados de uma pele corporal mais macia, os grilos são mais desejados pelas aves e outros animais insectívoros. Borror et el (1992) e Hasegawa e Kubo (1996) afirmaram que o corpo do grilo é constituído por três partes principais, nomeadamente a cabeça (anterior), o tórax e o abdómen

(posterior). Na parte da cabeça, havia olhos compostos. Na cabeça havia uma parte, denominada de antenas, segundo Sukarno (1999), normalmente utilizada para detetar odores até a distância de 1,5 m e dois pares de bigodes próximos à boca serviam como sensor de alimento. No peito havia três pares de patas e dois pares de asas, situados na parte de trás. As patas traseiras, de maiores dimensões e com pontas afiadas, serviam para saltar longas distâncias. Na parte da frente das patas, havia órgãos auditivos (tímpano), em forma de elipse e de cor branca. De acordo com a equipa editorial da Enciclopédia Nacional da Indonésia (1994), as patas dos grilos são constituídas por segmentos, nomeadamente o segmento básico (subcoxa), o segundo segmento (coxa), o terceiro segmento (trocânter), o quarto segmento (fémur), o l'ilésimo segmento (tíbia) e o sexto segmento (tarso). As asas de grilo, que serviam para voar e produzir som, estavam completamente desenvolvidas depois de atingirem a idade adulta. No abdómen havia um órgão respiratório, um órgão digestivo e um órgão reprodutor (Corey et al., 2000). De acordo com Borror et al. (1992), o abdómen dos grilos era constituído por 11 segmentos e o genital externo estava localizado nos segmentos 8 ou 9. No final do abdómen existe um par de cercos que servem para detetar o perigo e a presença de movimentos traseiros.

Figura 3.1. Grilo *de Kalung (G. Bimaculatus)*

Figura 3.2. Grilo *de Cliring* adulto (G. *mitratus)*

(a) (b)

Figura 3.3. Grilo de Jerman *(Gryllus sp):* Macho (a) e fêmea adulta (b) (Fonte: Septyka, 2004)

O grilo selvagem / grilo *jeliring* / grilo *seliring* / grilo *alas* é uma espécie de "gryllidae" que pertence ao tipo de inseto quase semelhante ao gafanhoto, muito difundido na Indonésia. Este grilo é muito popular para cultivar devido ao seu grande tamanho corporal e tornou-se o alimento preferido de aves e peixes. O seu corpo não só é mais pequeno e mais comprido, como também contém muita água. Esta espécie selvagem de grilos / grilos *de seliring* encontra-se sobretudo na parte ocidental de Java e Sumatra, especialmente nos campos de arroz e em terrenos húmidos espaçosos e caracteriza-se pela sua cor castanha amarelada.

3.2. Comportamentos do grilo

Os grilos, insectos noturnos sensíveis à luz, só estão activos à noite para procurar alimentos, acasalar e cantar. Os comportamentos que podem ser observados são quando estão a cantar, a acasalar e a fazer ninhos. **Comportamento de canto;** Matthews (1978) afirmou que apenas os grilos machos podiam cantar, porque tinham asas recortadas ou onduladas. Os sons eram produzidos esfregando a asa direita para trás e para a frente com a asa esquerda simultaneamente. Os sons não eram usados apenas para chamar para reunir, para fins sociais e para sinalizar agresividade, mas também para atrair o sexo oposto e isolar outros animais. Paimin *et al.*, (1999), afirmaram que cada grilo tinha diferentes tipos de vozes, e as caraterísticas tornavam o macho mais fácil de encontrar uma parceira da sua espécie. **Comportamento de acasalamento;** os grilos praticam a poligamia; um macho na natureza só pode acasalar 1-5 fêmeas. O processo começa com o som feito por um grilo macho, sinalizando que ele está pronto para acasalar. As fêmeas atraídas pelo som encontravam a fonte do som e aproximavam-se dela (Sukarno, 1999). O macho libertava um líquido (seducina) da base das suas asas para atrair a fêmea que se aproximava. A fêmea trepava então para as costas do grilo macho, lambendo o líquido (seducina) libertado pelo macho, juntamente com o processo de cópula efectuado pelo grilo macho (Matthews, 1978; Oda e Kubo, 1987). Ao reconhecer estes comportamentos, os sistemas de acasalamento apropriados podem ser mais eficazes.

Figura 3.4. Comportamento de acasalamento do grilo *de Kalung* (sumber: Hasegawa dan Kubo, 1996)

Comportamento de postura de ovos; As fêmeas de grilos podem pôr ovos sem acasalar, mas os ovos produzidos não são férteis. Uma fêmea põe ovos no prazo de 7-10 dias após o acasalamento e produz ovos férteis. Matheson (1951) afirmou que o comportamento de postura de ovos começava por fazer um pequeno buraco, movendo o seu ovipositor para o meio de postura de ovos até se formar uma área suficiente, e depois o grilo fêmea deixava cair as suas fezes perto do buraco. Em seguida, o inseto fêmea depositava os seus ovos movendo o seu ovipositor para dentro do buraco. O processo de postura termina com a recolha das fezes e a sua colocação na superfície onde os ovos foram postos. A nossa observação revelou que, em determinadas circunstâncias limite, os grilos continuavam a pôr ovos com ou sem qualquer disponibilidade de meios. Os ovos eram libertados entre a comida ou espalhados no fundo da gaiola.

Figura 3.5. A fêmea de grilo *Kalung* está a pôr ovos em suportes de areia (Fonte: Bekasi Farm)

CAPÍTULO 4
PRÁTICAS DE GESTÃO NA GRILOS

Asnath M. Fuah, Hotnida C.H. Siregar e Andika Sunyoto

4.1. Produção e reprodução

O ciclo de vida dos grilos é relativamente curto, e alguns estudos revelaram as diferenças encontradas entre as espécies; os grilos *Kalung* variam entre 75 e 84 dias, com um período de produção de 20-24 dias (Jamal 2000). O tempo para uma fêmea de grilo chocar os ovos e transformá-los em ninfas (insectos jovens) variava entre 13 e 25 dias. As ninfas transformam-se em clondos ou grilos jovens num intervalo de 30-40 dias, e podem atingir a idade adulta (crescimento das asas) com ± 50 dias. Das três espécies, *o Gryllus bimaculatus* ou grilo *de Kalung* é mais popular no mercado. Este tipo de grilo é mais atrativo para os amantes de aves devido ao seu corpo mais macio do que o dos grilos selvagens.

Os grilos selvagens acasalam a meio da estação das chuvas, quando os grilos machos produzem um som caraterístico para atrair as fêmeas, que se aproximam dos grilos machos que emitem ruídos altos, antes de finalmente acasalarem. Em geral, um grilo fêmea produzia até 50-100 ovos. Não era muito difícil cultivar este tipo de grilo, devido à sua facilidade de adaptação a novos ambientes, mas, infelizmente, necessitava de mais tempo para atingir a altura da colheita. A idade dos grilos selvagens para chegarem à altura da colheita era de cerca de 40-55 dias de idade (Paimin, et al. 1999). Os sinais comuns quando um grilo está no período de cio são indicados pelo aspeto brilhante do seu pelo dorsal e pelo tamanho longo do ovipositor (**Figura 4.1**), rígido, preto e a ponta da parte inferior do abdómen com a forma de uma bolsa (Sridadi e Rachmanto 1999). Um grilo macho que estava pronto para acasalar tinha os seguintes sinais: asas completas, idade de 60 dias, voz alta e movimentos ágeis (Sukarno 1999). Widyaningrum (2009) relatou que os machos podem acasalar várias fêmeas com uma proporção sexual ideal e eficiente de 1:5 com 57,25% de eclodibilidade, de acordo com Paimin *et al.* (1999). Ao passo que, aplicando uma relação sexual de 1:9, a eclodibilidade desce para cerca de 55%.

O órgão genital externo de uma fêmea de grilo, chamado ovipositor, era uma forma de agulha localizada na ponta do abdómen, normalmente usada para pôr ovos. Um grilo fêmea tem um par de ovários que se situam no meio do dorso, no trato digestivo (Budi, 1999). Um grilo macho tem um par de testículos de cor branca cremosa, localizados no trato digestivo. Cada testículo é constituído por vários folículos finamente relacionados, que se estendem para a parte posterior até chegar ao canal ejaculador. Um par de glândulas acessórias consiste numa vesícula seminal e num vaso longo e convoluto localizado no canal ejaculador (Youdeowai,1974). O órgão genital masculino chamado clasper, funciona como uma ferramenta para a cópula que move o esperma para o trato genital feminino (Budi, 1999).

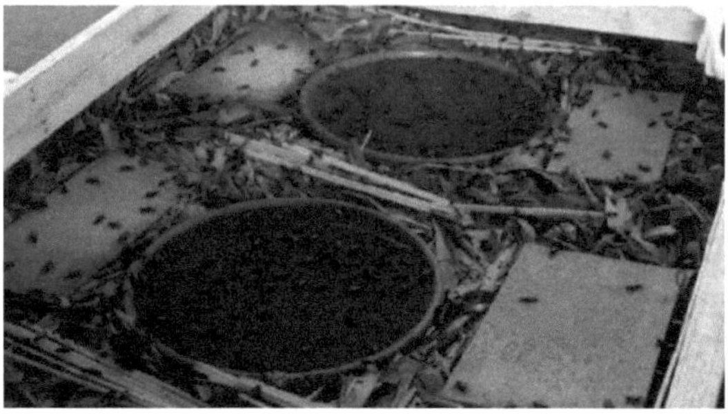

Figura 4.1. Um recipiente arenoso contendo grilos *Kalung* prontos para chocar (Fonte: Bekasi Farm)

Os ovos do género Gryllus têm o aspeto de uma banana, de um amarelo claro e pálido, com um comprimento médio de 2,5-3 mm. A parte superior do ovo apresenta uma saliência, o chamado opérculo, de onde a ninfa sai do ovo. A casca do ovo de grilo é muito dura e forte para proteger a parte interior dos ovos (Paimin *et al.,* 1999). Um bom ovo tem um aspeto amarelo translúcido e brilhante. Os ovos com um embrião em crescimento eram translúcidos e acastanhados brilhantes (Raharjo 1999). Uma fêmea adulta de grilo-de-Kalung pode produzir 1 375 ovos (Widiyaningrum et al., 2009), embora uma experiência com um estudante tenha demonstrado que a produção de ovos pode atingir 3 154 - 4 128 ovos/ciclo de grilos mantidos em gaiolas húmidas cobertas de lama. A produção de ovos variou entre espécies, amplamente influenciada por vários factores, incluindo a genética e os factores ambientais, com uma proporção de 30% de genética e 70% de factores ambientais. Os grilos fêmeas têm a capacidade de pôr ovos mesmo sem grilos machos, mas os ovos produzidos seriam inférteis (estéreis) e não eclodiriam (Paimin et al. 1999). Um grilo fêmea põe ovos inserindo o ovipositor no solo ou na areia a uma profundidade de 1,25 cm, os ovos no solo precisam de calor natural para eclodir (Sridadi e Rachmanto 1999). A humidade relativa necessária para a eclosão dos ovos varia entre 65% -80% com uma temperatura do ar de 26° C (Sukarno, 1999). Os grilos precisam de um meio para pôr e chocar os ovos. Os meios arenosos húmidos foram muito eficazes para estimular a postura de ovos e produzir um maior número de ovos. Os meios de incubação podem ser areia, terra, uma mistura de areia e terra, algodão e linho (Paimin *et al,* 1999). A diferença entre os meios de incubação influenciou o tempo de eclosão dos grilos *de Kalung.* Os ovos colocados em meios de algodão eclodiram mais depressa do que em areia. Os ovos de grilos locais eclodiram em ninfas, na natureza, num período de 15-

17 dias; (13-14 dias; Paimin *et al.*, 1999); (10-14 dias; Patton 1963), contados a partir do momento em que os progenitores começam a acasalar até os ovos eclodirem. **A Tabela 4.1** apresenta as caraterísticas produtivas dos grilos *Kalung (G. bimaculatus).*

Tabela 4.1. Caraterísticas de produção e reprodução de *G. bimaculatus, Gryllus sp* e G. *Testaceus*

No	Characteristics	Average/Range				
		[1]*G. bimaculatus*	[1]*G. mitratus*	[1]*G. testaceus*	[2]*Gryllus sp*	[3]G. *Testaceus*
1	10 days body weight (mg)	-	-	-	-	-
2	50 days body weight (mg)	501.47	306.13	228.86	-	-
3	Adult male body weight (mg)	0.86	-	-	-	-
4	Adult female body weight (mg)	0.88	-	-	-	-
5	Body weight gain(mg/cricket/day)	12.50	7.62	5.69	-	-
6	Feed consumption (mg/cricket/day)	11.19	7.29	5.42	0.46	1.58
7	Feed conversion	0.89	0.96	0.95	0.04	1.59
8	Laying period (day)	32-36	56	56	-	-
9	Eggs production (eggs/cricket)	1.375	2.576	1.961	464	122
10	Hatchability (%)	60.23	63.56	39.66	80.48	36.56
11	Mortality of egg laying females (%)	45.86	33.99	28.41	2.97	2.26
12	Mortality of young cricket (%)	-	-	-	3.71	54.72

Source: [1)]Widiyaningrum (Thesis 2001); [2)]Septyka A. (Thesis, 2004); [3)]Retno S. (Thesis, 2005)

4.2. Gestão da criação de grilos

Os tipos e materiais utilizados nas gaiolas para grilos são essenciais para o cultivo de grilos. Os criadores de grilos na Indonésia utilizam geralmente madeira, contraplacado, cartão, plástico ou bambu para fazer as gaiolas para insectos. Não há diferença na forma e no tipo de gaiolas para cada espécie de grilo. As gaiolas para grilos em forma de caixa são feitas de contraplacado e ripas de madeira como estrutura principal. Os criadores de grilos forneceram várias caixas numa grande unidade para cultivo. O tamanho da gaiola era de aproximadamente 3 metros de comprimento, 2 metros de largura e 30-50 cm de altura. Tal como no seu ambiente selvagem, a parte interior das gaiolas deve ser escura. A base da gaiola foi feita colocando tabuleiros de ovos (caixas de ovos) na parte inferior das gaiolas, dispostos vertical ou horizontalmente, juntamente com folhas secas de bananeira (klaras) por cima (**Figura 4.2**). Estes dois materiais foram utilizados para criar uma condição ambiental confortável, com temperaturas adequadas para o crescimento e a produção de grilos. Os agricultores têm facilidade em encontrar materiais para meios de postura de grilos, tais como areia, com forma fina, sem pedras e limpa. As areias foram utilizadas pelos agricultores como meio de incubação dos ovos, colocando-as dentro de um recipiente plástico ou de uma placa de madeira compensada, tantas quantas forem necessárias. Recomendava-se que a distribuição da areia no recipiente fosse igual, com uma espessura de 3-4 cm. O recipiente foi enchido com areia antes de ser inserido na gaiola após a idade dos grilos ter atingido ± 53 dias, altura em que os grilos entram no período de postura dos ovos. A conceção da gaiola utilizada no estudo é apresentada na **Figura 4.2.**

Figura 4.2. Sistema de gaiolas para grilos (fonte: Quinta de Bekasi)

Os resultados revelados a partir de uma série de estudos na exploração agrícola, de experiências realizadas no laboratório agrícola da universidade e de trabalhos finais dos estudantes, sugeriram que o tempo de colheita rápido e a elevada procura do mercado se tornaram uma força motriz para desenvolver o negócio dos grilos de uma forma eficiente. Do ponto de vista económico, em relação à sua elevada produção, este inseto tem um mercado potencial e uma procura elevada. Cada 3 onças de ovos de grilo é capaz de produzir 30 kg de grilos em cada colheita, com um período de criação de 29-33 dias.

No maneio da criação de grilos, são normalmente aplicados vários passos de procedimento. Para preparar as gaiolas, em primeiro lugar, as gaiolas rectangulares para grilos têm de ser limpas a fim de remover o pó ou a sujidade e, em seguida, o interior das gaiolas é limpo lavando-o com água e sabão. Os ovos de grilo que estão prontos para eclodir são colocados na gaiola de incubação, utilizando um pedaço de pano como base. Os grilos recém-eclodidos andam à procura de comida. Os alimentos são dados *add libitum* (sempre disponíveis). Regularmente, em cada altura de alimentação, os restos da comida anterior são retirados para evitar a decomposição e os fungos que podem provocar doenças nos grilos. Uma vez por semana, as caixas são limpas e as klaras são substituídas sem retirar os grilos do interior das caixas. A lavagem das caixas é efectuada sempre que se faz a colheita.

Na cultura de grilos, um aspeto importante a que se deve prestar atenção é a altura da colheita. Borror *et al.*, (1992) demonstraram que se pode dizer que um grilo entrou na idade adulta quando as asas cresceram no seu corpo, com a idade de 45-50 dias. A altura certa para colher os grilos é quando ainda não têm asas (35-45 dias). Isto deve-se ao facto de a maioria dos consumidores de grilos serem entusiastas de aves ornamentais. Sabe-se que as aves ornamentais gostam de grilos sem asas porque as asas são duras, afiadas e ásperas, e são perigosas para as aves ornamentais consumirem. A experiência dos produtores de grilos no sub-distrito de Perwira, no norte de Bekasi, mostra que, devido ao atraso na época da colheita, os grilos são frequentemente eliminados ou não vendidos.

As observações e entrevistas com os agricultores da zona urbana de Bekasi, , mostraram que os grilos utilizados como progenitores eram mantidos vivos até ao fim do período de postura dos ovos, que começava com ± 50 dias de idade e durava 20-24 dias. Na prática, os ovos eram postos em suportes de areia e o recipiente de areia que continha os ovos era retirado de 3 em 3-5 dias. Os ovos na areia eram então separados da areia por um processo de filtragem. Alguns criadores utilizam uma técnica diferente para separar os ovos de grilo da areia. Por exemplo, os criadores de Bekasi, separavam os ovos de grilo da areia mergulhando a areia que continha os ovos de grilo num recipiente cheio de água. Dado que os ovos de grilo eram mais leves do que a areia, quando se agitava suavemente, os ovos de grilo subiam à superfície, e era então que os ovos de grilo eram retirados com uma peneira **(Figura 4.3).** Os ovos de grilo eclodiram no prazo de 10 a 14 dias após o acasalamento. Os ovos libertados pelas fêmeas eram amarelo-dourados, mas a cor tornava-se esbranquiçada quando os ovos de grilo estavam prestes a eclodir.

Figura 4.3. Ovos de grilo recém-separados do meio de areia, prontos a eclodir (localização: quinta do laboratório, Faculdade de Ciências Animais, IPB)

4.3. Gestão dos alimentos para animais e da alimentação

A disponibilidade de alimentos de boa qualidade e em quantidade suficiente é um fator importante na cultura de grilos, uma vez que os alimentos podem afetar a reprodução, o crescimento, o desenvolvimento, o comportamento e outras propriedades morfológicas. Uma grande variedade de alimentos que podem ser consumidos pelos grilos encontra-se no seu habitat de vida, como afirmaram Hasegawa e Kubo (1996), que os grilos adultos comiam tudo o que encontravam. Ao contrário dos grilos jovens, que comem para crescer, os grilos adultos comem para obter energia para o processo de acasalamento e reprodução. Como animais herbívoros, os grilos comem folhas, legumes e frutos que contêm muita água, porque este inseto não bebe água como a maioria dos animais. De acordo com Widyaningrum (2009), os grilos alimentados com forragem constituída por uma combinação de concentrado com folha de mostarda foram preferíveis à combinação de concentrado com folhas de papaia. Em termos de alimentação, Paimin *et al.* (1999) e Widyaningrum *et al.* (2001) revelaram que a palatabilidade dos grilos era determinada pelo teor de água e pelo tipo de folhas fornecidas. Uma vez que os grilos nunca bebem água, a água necessária é obtida a partir das folhas dadas.

A alimentação é administrada regularmente três vezes por dia, ou quando os grilos são considerados novamente famintos. Chinery (1986) afirmou que se os alimentos forem reduzidos ou difíceis de encontrar em quantidade suficiente, pode ocorrer canibalismo. Um sistema de alimentação regular pode reduzir o canibalismo. Normalmente, os tipos de alimentos utilizados pelos agricultores são o caule da bananeira, a abóbora, a abóbora, as folhas de couve, o vidro do campo, a mostarda verde, a fruta e o tronco da papaia. A quantidade de alimentação com folhagem depende da idade dos grilos. Após a eclosão, os grilos bebés não precisam de qualquer alimento, porque comem o resto do líquido do ovo. Com a idade de dois dias, os grilos jovens começam a comer legumes. A quantidade de folhagem administrada acompanha o aumento da sua idade, pois quanto mais velhos são os grilos, mais alimentos necessitam. Os criadores de grilos administram a folhagem de forma variada, uma vez que esta se adapta aos recursos naturais e à folhagem que é geralmente dada na sua respectiva área. No entanto, a maioria dos criadores de grilos obtém os alimentos verdes através da compra, simplesmente devido ao espaço limitado e a razões práticas (eficientes). Além disso, para além da alimentação sob a forma de vegetação, os criadores também dão concentrado aos grilos criados. O concentrado é muito bom para ser usado para acelerar o crescimento dos grilos, mas a ração só pode ser dada depois de os grilos terem sete dias de idade, e esta ração pode ser dada até os grilos atingirem a idade adulta. Lumowo (2001) referiu que a ração consumida pelos grilos era concentrada com um teor de proteínas de 20%-22%; de acordo com Sridadi e Rachmanto (1999), a ração era dada principalmente durante o período de crescimento, que era de 10 dias após a eclosão dos ovos. O objetivo de dar o concentrado era acelerar o crescimento, fazendo com que os grilos se tornassem ágeis, as ninfas se tornassem macias e os grilos não morressem facilmente (Tim GN 1999). Lumowo (2001) verificou que os grilos alimentados com ração artificial com um teor proteico de 20% -22%, tiveram um melhor desempenho em termos de produção, crescimento e reprodução, do que os que receberam ração com um teor proteico inferior.

Um alimento alternativo que está sempre disponível para os grilos na Indonésia é a folha e o caule da mandioca, e todas as partes da planta da mandioca podem ser utilizadas. O tubérculo é consumido como alimento pela comunidade em várias zonas como alternativa ao arroz. As folhas jovens são frequentemente transformadas como acompanhamento do arroz. Quando as folhas jovens ainda estão disponíveis, as folhas velhas e os caules das folhas não são consumidos pelos grilos. Até agora, as folhas velhas e os caules das folhas não têm sido utilizados de forma óptima.

De facto, quando consumidos pelos grilos, a sua produtividade pode aumentar. Este potencial é uma oportunidade na cultura de grilos. De acordo com dados estatísticos, a área de plantio de mandioca na Indonésia em 2014 foi de cerca de 1.003 milhões de hectares (BPS 2014). Lebdosukoyo (1983), relatou que a produção de folhas de mandioca de 0,92 toneladas/ha na Indonésia, era definitivamente matéria-prima abundante para a alimentação de grilos. Existem muitos mais tipos de folhas e legumes disponíveis e que não competem com o consumo humano, podendo ser utilizados como matérias-primas para a alimentação de grilos.

4.4. Apoio ambiental

Quando vista da posição astronómica, a Indonésia está localizada no clima tropical do hemisfério oriental da Terra. Devido à posição geográfica, a Indonésia está sempre exposta ao sol durante todo o ano, com apenas duas estações, a estação seca e a estação das chuvas. Em geral, os países tropicais são abençoados com ricos recursos naturais. A elevada precipitação torna as suas terras férteis e ricas em flora e fauna diversificadas. As condições de temperatura e humidade de cada província da Indonésia são apresentadas no **Quadro 4.2.**

Quadro 4.2 Temperatura e humidade em todas as províncias da Indonésia

Province/region	Temperature (°C)			Humidity
	Minimum	Maximum	Average	(%)
Sumatera	21,9	30,85	26,81	81,30
DKI Jakarta	22.40	35.80	28.20	77.43
Jawa Barat	18.50	30.10	23.50	77.00
Jawa Tengah	24.64	32.05	28.02	78.18
DI Yogyakarta	18.40	35.70	26.20	86.20
Jawa Timur	20.60	35.80	27.90	79.17
Banten	22.70	32.90	27.00	83.00
Bali	23.40	31.50	27.40	80.00
Nusa Tenggara Barat	20.80	35.20	28.25	80.00
Nusa Tenggara Timur	21.50	34.20	27.50	74.90
Kalimantan	22,64	34,48	27,17	84,08
Sulawesi	22,2	33,95	27,13833	85,44
Maluku	23.00	32.00	27.00	84.00
Papua Barat	22.80	32.60	27.30	83.00
Papua	25.30	31.70	27.90	80.60

Source: Central Bureau of Statistics 2015 (in average)

Com base nas condições ambientais existentes, nas variações de temperatura e humidade, as regiões da Indonésia, constituídas por divisões regionais e províncias, são muito adequadas para o cultivo e a criação de grilos. De acordo com Sukarno (1999), os grilos podem viver no frio ou no calor, com humidade alta ou baixa, mas geralmente os grilos preferem viver numa região com temperaturas de cerca de 20-32°C e humidade de 65-80%. Os dados do **Quadro 4.2** mostram que a temperatura e a humidade médias em todas as províncias da Indonésia variam entre 23,50°C - 28,77°C e 74,90% - 105,15%, respetivamente. Embora os grilos se possam adaptar a diversos ambientes naturais, as condições dentro e em redor das gaiolas são um aspeto importante no cultivo de grilos, que é, pelo menos, semelhante às suas condições naturais, Booth e Kiddell (2007), descobriram que os grilos domésticos (Achetta domesticus) cresceram mais rapidamente a 28° C do que se fossem criados a 25°C, enquanto Purwanti (1991) mostrou uma diminuição das actividades se os grilos fossem mantidos a baixa temperatura (20°C) e aumentassem a altas temperaturas (30°C e 35°C).

Para manter um ambiente confortável para os grilos, os materiais comuns utilizados pelos criadores no interior das gaiolas eram os tabuleiros de ovos (caixas de ovos) e as folhas secas de bananeira, denominadas *"klaras"*. Os tabuleiros de ovos eram colocados empilhados como uma almofada na gaiola, geralmente na posição vertical para facilitar aos agricultores o processo de colheita, e *as klaras* eram colocadas exatamente por cima dos tabuleiros de ovos. Os tabuleiros para ovos e *as klaras* destinavam-se a criar uma atmosfera natural, como no ambiente selvagem. De acordo com Paimin (1999), ambos os materiais criam uma atmosfera escura para os grilos, de modo a que possam realizar as suas actividades diárias, tais como comer, chilrear e acasalar. Durante o dia, os grilos procuram refúgio na passagem / buraco, debaixo de um monte de folhas, debaixo de troncos e pedras.

Ao compreender os comportamentos dos grilos e a sua adaptação a várias condições ambientais, em áreas com uma gama de temperatura e humidade fora da zona de conforto para o crescimento dos grilos, é necessária uma tecnologia adequada para otimizar o crescimento dos grilos. Quando as temperaturas da gaiola estão abaixo de uma gama confortável, deve haver um sistema eficaz de gestão da gaiola. No caso de uma gaiola com uma temperatura demasiado fria, deveria haver um meio de comunicação adicional na gaiola, como o fornecimento de klaras (folha de bananeira seca) que funciona não só como esconderijo e local de acasalamento, mas também pode manter quente a temperatura no interior da gaiola. Para criar temperaturas quentes, podem ser utilizadas ferramentas de aquecimento, como uma lâmpada pendurada dentro da caixa da gaiola. O problema que ainda não foi resolvido até à data é como lidar com a temperatura da gaiola acima dos 35°C. Ainda há falta de informação e investigação sobre como lidar com as altas temperaturas em relação à produção de grilos.

4.5. Doenças e controlo dos predadores

Os restos de comida e as fezes acumuladas reduziram o conforto e causaram problemas de doença. A doença mais comum que foi identificada foi a diarreia, causada principalmente pelo ambiente pouco limpo das gaiolas ou caixas utilizadas para a criação. Por exemplo, a comida suja ou as fezes dos grilos podem atrair todas as bactérias indesejáveis. Paimin *et al.* (1999), afirmaram que os grilos que sofriam de diarreia eram caracterizados por alguns sintomas: o corpo estava fraco; não se mexia muito; perdia o apetite, os olhos começavam a fechar-se; saía líquido da boca; tinha excrementos pastosos. Os grilos infectados não duravam muito tempo e morriam no prazo de um dia. Não havia tratamento médico para prevenir as doenças dos grilos, pelo que a forma mais comum de os agricultores resolverem os problemas era separar os grilos doentes, retirando-os da gaiola e deitando-os fora ou enterrando-os. A principal razão subjacente a esta prática era o facto de se acreditar que o grilo doente poderia propagar a doença aos outros grilos da gaiola.

Os predadores são uma das principais ameaças na criação de grilos, pois podem levar a uma elevada taxa de mortalidade. Quando os grilos têm apenas 1 a 2 semanas de idade, são vulneráveis ao ataque de predadores, uma vez que ainda estão muito fracos, o que os torna um alvo fácil para os predadores. Os grilos jovens tornam-se sempre alimento para as formigas e outros animais, como lagartos e ratos. Para evitar os ataques das formigas, a gaiola deve ser equipada com um bom sistema de segurança, por exemplo, aplicando óleo nos pés da gaiola, de modo a que as formigas ou outros predadores que se encontram no chão não possam subir e atacar os pequenos grilos. Os grilos adultos nem sempre podem ser separados dos predadores, como as ratazanas ou os ratos. Para evitar que as ratazanas entrem na gaiola, esta deve ser coberta com uma rede de arame de pequeno diâmetro e deve ter um objeto pesado em cima para que os predadores não a possam abrir e entrar. A criação de grilos efectuada no laboratório da quinta mostrou que, apesar de ter sido bem tratada, a taxa de mortalidade era ainda elevada, atingindo até 70%. Devido à elevada taxa de mortalidade, é necessário efetuar uma monitorização e um controlo regulares. Para além dos efeitos da temperatura e humidade desfavoráveis, os predadores tornaram-se os inimigos que têm de ser vigiados.

Figura 4.4. Criação de gaiolas para grilos no laboratório da Faculdade de Ciências Animais, IPB

Classificados como insectos com um ciclo de vida curto, a taxa de mortalidade dos grilos *Kalung* machos foi mais elevada do que a dos grilos *Cliring*, a partir dos 35 dias de idade. A mortalidade ocorreu frequentemente devido a falhas na muda, que se caracteriza pela morte dos grilos que não terminaram o seu processo de muda. A humidade elevada na gaiola resulta em falhas frequentes da muda (Zuhriyah 2015). Os períodos de muda são vulneráveis a qualquer tipo de ataque por parte dos grilos. Os grilos removem a sua pele exterior e substituem-na por pele nova. Nesta fase, o corpo do grilo é vulnerável a ataques de outros grilos porque os grilos em muda são mais fracos do que o habitual. O canibalismo é comum entre os grilos. Especialmente os grilos que entram na fase de acasalamento, são muito agressivos. Clifford *et al.,* (1977) afirmaram que o canibalismo ocorria quando a disponibilidade de alimentos era menor, particularmente quando os grilos grandes fortes e os grilos pequenos fracos viviam numa caixa com uma população muito densa, pelo que as gaiolas estavam sobrelotadas. Durante o período de muda, quando os grilos se encontravam em estado fraco (**Figura 4.5**), não há dúvida de que o canibalismo pode aumentar a mortalidade. O canibalismo poderia ser evitado se se proporcionassem esconderijos adequados dentro da gaiola, um ambiente confortável e alimentação suficiente para os grilos nas gaiolas. Além disso, uma gestão simples que é habitualmente aplicada consiste em fornecer gaiolas separadas para os grilos com base nas fases etárias. Para tal, serão necessárias muitas gaiolas para o cultivo, de acordo com o objetivo de produção e os tipos de produção necessários.

Figura 4.5. Mudança de pele (processo de muda) dos grilos (Fonte: Sunyoto)

Possuir um pequeno pedaço de terra não é um obstáculo no cultivo de grilos, porque a terra pode ser maximizada através de modelos de gaiolas. As gaiolas de grilos são feitas de contraplacado e cobertas com arames de rede para que os predadores não possam entrar nas gaiolas. O interior das gaiolas é escuro, cheio de folhas secas de bananeira onde os grilos se escondem e acasalam. Um modelo de gaiola adequado num pequeno pedaço de terra é uma gaiola empilhada. Quando há demasiados grilos numa gaiola, a percentagem de consanguinidade (acasalamento dentro de uma descendência) é muito elevada. A consanguinidade pode levar a uma elevada taxa de mortalidade. Após um ano de consanguinidade, o tamanho dos ovos de grilo pode tornar-se mais pequeno. Uma forma comum de ultrapassar o problema da consanguinidade é trazer os grilos machos de fora da exploração, o que significa que os criadores devem procurar grilos machos de outros criadores de grilos. Na verdade, ainda existe uma forma de evitar a consanguinidade elevada nos grilos, mas infelizmente a investigação está em curso e será efectuada no laboratório da quinta da Faculdade de Ciências Animais da Universidade Agrícola de Bogor.

4.6. Desenvolvimento Institucional em Empresas de Críquete

A maioria dos agricultores na Indonésia é classificada como pequenos agricultores com as seguintes caraterísticas: Têm acesso limitado a uma base política, activos de produção e mercados, recursos de rendimento da comunidade local, incluindo tecnologia; têm baixos rendimentos, principalmente da produção agrícola; são proprietários de terras, arrendatários e trabalhadores; a terra que possuem não é cultivada de forma óptima (devido ao seu pequeno tamanho); a mão de obra utilizada é familiar; as suas necessidades primárias raramente são satisfeitas; sentem-se inseguros com a sua propriedade (medo de a perder); têm uma pequena escala de negócio que é um negócio doméstico por natureza (baixo input, baixo rendimento); são pobres e estão geograficamente isolados; passam sempre fome e estão desamparados; estão habituados a uma vida difícil; resistem à mudança devido à sua incapacidade de utilizar novas tecnologias; são analfabetos e não estão interessados em aconselhamento; as mulheres tendem a estar mais envolvidas na empresa familiar, não numa empresa comercial; utilizam os recursos locais a nível familiar, não a agricultura comercial polivalente; os serviços relacionados com a informação, a comercialização, o transporte de produtos, o armazenamento, a transformação e a comunicação de informações são ainda muito limitados. Em geral, a maioria dos agricultores na Indonésia pratica uma agricultura de pequena escala, com capital e área de terra limitados (<0,5 ha) e alguns empregam um modelo de negócio agrícola de integração de culturas e gado. Seus produtos são adaptados à sua área de terra limitada, ao produto desenvolvido, à escala e aos objetivos do negócio e à força de trabalho familiar disponível (Fuah *et al.,* 2015). A criação de grilos não requer um grande pedaço de terra, grande capital e muitos trabalhadores em comparação com outras actividades pecuárias. Fuah et al. (2015) relataram que o rendimento obtido com a criação de grilos pode contribuir para o rendimento da família do agricultor, quer se trate de um negócio importante ou apenas como uma atividade secundária. O apoio das agências doadoras é indispensável para facilitar que os criadores de grilos aumentem a sua escala de negócios para se tornarem o negócio principal.

A LEISA (Low External Input Sustainable Agriculture) é uma agricultura sustentável com poucos factores de produção externos que optimiza a utilização dos recursos naturais (solo, água, vegetação, plantas e animais) e dos recursos humanos (trabalho, conhecimentos e competências) disponíveis localmente, economicamente viáveis, ecologicamente estáveis, socialmente equitativos e culturalmente adequados. O conceito LEISA, como uma nova direção para a agricultura convencional, é muito adequado para ser conduzido nos sistemas agrícolas implementados nos países em desenvolvimento, incluindo a Indonésia como um país rico em recursos naturais. LEISA é um conceito de agricultura do futuro, com o objetivo de melhorar os produtos sustentável e reduziu os impactos ambientais e sociais negativos, minimizando os insumos externos (Fuah et al., 2014). A LEISA não tinha como objetivo atingir a produção máxima a curto prazo, mas sim atingir um nível de produção estável e adequado a longo prazo, referindo-se a estas caraterísticas:

1. Otimizar a utilização dos recursos locais através da combinação dos diferentes componentes dos sistemas agrícolas (culturas, animais, solo, água, clima e homem) que são complementares e proporcionam um grande efeito de sinergia.
2. Procurar formas de utilizar insumos externos apenas quando necessário para complementar os elementos que faltam no ecossistema e melhorar os recursos biológicos, físicos e humanos. Ao fazer uso de insumos externos, a ênfase está em maximizar a reciclagem e minimizar os danos ambientais.

Com base em dados estatísticos, cerca de 7 milhões de trabalhadores indonésios estavam totalmente desempregados ou a trabalhar a tempo parcial, particularmente aqueles com baixa escolaridade que variam entre 50-74% com ensino primário e secundário (Central Bureau Statistics of Indonesia, 2015), o que pode ser visto nas (**Tabelas 4.3 e 4.4**) e isto mostra que o emprego nos sectores reais não pode acomodar as pessoas que ainda não têm emprego. A criação de insectos pode servir como um negócio alternativo, que pode proporcionar oportunidades de emprego para aqueles que estão interessados e não têm educação superior formal. Estes números indicam que, para além das enormes oportunidades de emprego disponíveis nos principais sectores reais, como a exploração mineira, as grandes empresas e indústrias, e a agricultura, o negócio dos insectos pode responder à necessidade de trabalhadores com menos terra e baixa educação formal, fornecendo boas competências na criação de insectos.

Tabela 4.3. População com 15 ou mais anos de idade segundo os tipos de atividades principais, 2013-2015.

Types of main activities/unit	2013	2014		2015	
	August	February	August	February	August
1. Labor force (million)	120.17	125.32	121.87	128.30	122.38
Employed	112.76	118.17	114.63	120.85	114.82
Unemployed	7.41	7.15	7.24	7.45	7.56
2. Participation level of labor force (%)	66.77	69.17	66.6	69.5	65.76
3. Level of open unemployment (%)	6.17	5.7	5.94	5.81	6.18
4. Disguished unemployment (million)	37.74	36.97	35.77	35.68	34.31
Under unemployed (million)	11.00	10.57	9.68	10.04	9.74
Part-time workers (million)	26.74	26.4	26.09	25.64	24.57

Source: Central Bureau of Statistics of Indonesia, 2015

Tabela 4.4. População com 15 ou mais anos de idade que trabalhava de acordo com o seu nível de escolaridade mais elevado (milhões de pessoas), 2014-2015.

The Highest Education Level Completed	Year	
	2014	2015
Elementary School or lower	54.63	52.72
Junior High School	20.70	21.08
Senior High School	18.74	19.81
Vocational High School	10.71	11.32
Diploma I/II/III	3.04	3.11
University	8.55	9.79
Total	116.4	117.83

Source: Central Bureau of Statistics 2015

De acordo com os dados do censo de 2015, a maioria dos indonésios que trabalhavam neste negócio de críquete tinha o ensino básico ou não o tinha concluído. Isto faz com que a distribuição de conhecimentos e informações sobre como gerir e administrar a cultura do críquete seja mínima. De acordo com os dados, a força de trabalho total em agosto de 2015 era de 122,38 milhões, 7,56 milhões dos quais estavam desempregados ou não tinham emprego. E, do total da força de trabalho, 34,31 milhões não trabalhavam a tempo inteiro - eram trabalhadores a tempo parcial ou subempregados. Isto significa que têm tempo livre depois do trabalho. A cultura do grilo é uma das oportunidades de negócio para impulsionar a economia. A criação de gado não requer muito tempo. Num dia, os agricultores demoram apenas 3 a 4 horas a fazer o processo de criação.

Em agosto de 2015, 5,272 milhões de pessoas com mais de 15 anos trabalhavam de acordo com o nível de instrução mais elevado, o que corresponde a metade da mão de obra total na Indonésia. O nível da cultura local. Quanto mais elevado for o nível de educação, mais amplos serão os conhecimentos e a mentalidade dessa pessoa. Por outras palavras, quanto mais elevado for o nível de educação, melhores serão as competências de gestão de uma pessoa. Aumentar o conhecimento sobre a cultura de grilos pode ser feito através de formação, tendo em conta os papéis e a participação dos géneros. A formação é importante para desenvolver a cultura de grilos através da gestão agrícola, da aplicação de tecnologia, do aumento da produção e da expansão da comercialização.

Uma balança comercial é a população de grilos criada diariamente, que se divide em três tipos: pequena, média e grande. As escalas de produção afectam diretamente o rendimento obtido. Do ponto de vista económico, quanto maior for a escala comercial, maior será o rendimento, especialmente se for apoiada por uma boa gestão agrícola. Os três tipos de escalas de atividade foram descritos por Rahmawati (2010) da seguinte forma:

1. A pequena escala; as empresas tinham apenas algumas caixas, onde os agricultores apenas criavam para as suas próprias necessidades, ou para alguns compradores de aves, ou para outros
2. A média escala foi categorizada como um negócio bem estabelecido. Por exemplo, os agricultores são comerciantes ou intermediários. No entanto, a cobertura da comercialização ainda é limitada.
3. A grande escala pertenceu a um empreendimento comercial. Em Java Central, os centros de cultivo de *Kalung* cricket são Demak, Kudus e Purwodadi, com uma produção média de 9,78 toneladas por ano, enquanto em Java Oriental os centros são Tulungagung, Kediri e Porong, com uma produção média de 12,69 toneladas por ano.

CAPÍTULO 5
GRILOS COMO FONTES DE ALIMENTAÇÃO PARA PEQUENOS RUMINANTES

Dewi Apri Astuti e Lilis Khotijah

Introdução

O maneio alimentar no sistema agrícola tradicional enfrenta muitos problemas, especialmente para encontrar as fontes de proteínas. Os cereais, como ingrediente convencional, são mais caros como fonte de proteínas para a ração de engorda, em comparação com as leguminosas. É necessário encontrar fontes alternativas de proteínas, especialmente para a ração de aves de capoeira e de ruminantes antes e logo após o período de desmame (1-4 meses), com baixo preço, alta qualidade e de fácil consumo. A ovelha é um dos pequenos ruminantes com potencial para produzir carne. A população ovina em 2010 era de 10 725 cabeças e aumentou em 2014 para 15 715 cabeças (BPS, 2014). O problema com a população elevada é como superar a alimentação. Foi relatado que eram necessárias cerca de 100 000 toneladas de concentrado de matéria seca e 7,5 milhões de toneladas de forragem de matéria seca por ano para produzir ovinos na Indonésia (Direção-Geral de Pecuária e Serviços de Saúde Animal, 2011). A necessidade de nutrientes para cordeiros pós-desmame ou ovelhas em crescimento com ADG 100 g/d foi de cerca de 14% CP e 52,50% TDN (NRC, 2007). Uma das proteínas vegetais foi o farelo de soja com teor de proteína bruta em torno de 49%. Dendi (2012) relatou que a utilização de 15% de farelo de soja na ração aumentou o desempenho de cordeiros em crescimento, mas o custo da ração também foi alto. Era necessário encontrar outras fontes alternativas de proteína de origem vegetal ou animal com baixo preço, alta qualidade e fácil de produzir.

O inseto como alimento para animais está agora a ser introduzido em muitos sectores, incluindo na gestão da alimentação animal como fonte de proteínas, e pode tornar-se uma das alternativas ao ingrediente convencional da alimentação animal com elevado teor de proteínas. Desde a declaração de "*Insect to Fed The World*" na Conferência da Universidade de Wageningen, nos Países Baixos, em maio de 2014, foram introduzidos muitos tipos de insectos como recursos proteicos, incluindo os cricós. Os insectos contêm 60% a 70% de proteínas e um teor bastante baixo de hidratos de carbono. Depois de produzirem ovos 5 a 6 vezes, os grilos poedeiros seriam desperdiçados devido à sua baixa produtividade (50%). Os resíduos produzidos têm um grande potencial como ingrediente não convencional e podem ser utilizados como fonte de proteínas para os animais. A média de resíduos obtidos por um agricultor foi de 2-10 kg por semana (dados privados, 2014). Novianti (2003) referiu que a farinha de grilo da Indonésia continha 56-74% de proteínas e tinha potencial para ser utilizada como fonte de proteínas em concentrados para ovelhas em crescimento. A proteína do inseto é um dos ingredientes alternativos a utilizar como substituto do leite ou como concentrado para borregos antes e depois do desmame. Wang *et al.* (2005) referiram que 100 g de farinha de grilo continham 58,30% de proteínas e que a quitina de 8,70% podia perturbar a absorção de nutrientes pelos animais.

A utilização sustentável de insectos como meio de produção de *proteínas* para *gado, aves de capoeira e espécies aquaculturais* foi comprovada ao longo de 30 anos. O grilo tem um elevado teor de proteínas (48,84% - 56,02%), gordura (24,41% - 32,84%) e energia bruta de 4610 Kal/kg (Sinaga et al, 2010). Tiesnamurti *et al.* (2002) relataram que a produção de leite de ovelhas Garut com tamanho de ninhada simples e dupla tem apenas 10% de diferença. FAO (2011) relatou que o substituto do leite tinha 24% de proteína, 22% de gordura e 1,2% de cálcio. A utilização de farinha de grilo para cordeiros em fase de pré-desmame deve ter em conta o elevado teor de quitina, que pode diminuir a digestibilidade dos nutrientes

Os ruminantes têm a capacidade de converter os nutrientes da ração em produtos de AGV. No entanto, os ruminantes também produzem metano (CH4), outro dos principais gases com efeito de estufa (GEE) que contribuem para o aquecimento global, a seguir ao dióxido de carbono (CO2). As proteínas e o seu efeito na fermentação ruminal contribuem para a formação de metano. (Jayanegara et al., 2015).

Figura 5.1. O grilo está a comer a folha verde

Farinha de grilo como ração para borrego

A pesquisa com ruminantes alimentados com farinha de grilo foi realizada com doze cordeiros pré-desmame (3 a 10 kg, uma semana de idade) e pós-desmame

(11,24 ± 1,62 kg PV, 2 meses de idade), distribuídos em baias individuais por dois meses, em um delineamento inteiramente casualizado. Foram alimentados com concentrado contendo 15% de farelo de soja (C), concentrado contendo farelo de grilo com 50% de substituição do farelo de soja (CM-50) e concentrado contendo farelo de grilo com 100% de substituição do farelo de soja (CM-100). O concentrado era isoprotéico (17%) e TDN (63%). Todos os animais foram alimentados com ração contendo 40% de forragem *de Brachiaria humidicola* e 60% de concentrado. A composição nutricional da ração é mostrada na **Tabela 5.1.** Durante o estudo, alguns parâmetros foram avaliados para garantir que a farinha de grilo pode ser usada como parte do leite substituto e também pode substituir a farinha de soja até 100% na ração de cordeiro. O consumo de ração, os parâmetros sanguíneos e os perfis ruminais (AGV e metano) são os principais dados que podem dar informações sobre a utilização da farinha de grilo na ração. Os AGV totais e os seus parciais foram analisados utilizando equipamento de cromatografia gasosa (GC 8-Schmidzu). A emissão de metano foi estimada por estequiometria a partir da parcial de AGV, seguindo a equação de Moss et al. (2000):

$$CH4\ (mmol) = 0{,}42\ C2 - 0{,}275\ C3 + 0{,}40\ C4$$

Quadro 5.1. Composição em nutrientes do concentrado com farinha de grilo (% MS)

Nutrient	C	CM-50	CM-100
Crude Protein	17	16.77	17.27
Lipid	2.50	3.19	3.99
Crude fiber	23.89	24.47	24.79
NFE	44.36	43.18	42.68
TDN	62.72	62.77	63.35

C= concentrado contendo 15% de farinha de soja, CM-50 = concentrado contendo farinha de grilo com 50% de substituição da farinha de soja e CM-100 = concentrado contendo farinha de grilo com 100% de substituição da farinha de soja.

5.1. Perfis sanguíneos de borregos alimentados com farinha de grilo

Os dados dos perfis hematológicos de cordeiros pré-desmame e pós-desmame alimentados com farinha de grilo são mostrados nas **Tabelas 5.2 e 5.3**. Os dados hematológicos dos cordeiros pré-desmame e pós-desmame não apresentaram diferença significativa, o que significa que a utilização da farinha de grilo como substituto do leite ou substituto do farelo de soja na ração de cordeiros não tem efeito sobre o estado de saúde dos animais. O valor do PCV no cordeiro pós-desmame apresentou diferença significativa entre os tratamentos, sendo que a ração contendo farelo de soja apresentou valor superior ($P<0{,}05$) aos demais tratamentos. A percentagem de PCV teve correlação com a ingestão de água. Uma maior ingestão de proteínas aumentará a ingestão de água, o que diluirá o sangue no corpo, pelo que a ingestão elevada de água reduzirá a percentagem de PCV. Astuti *et al.* (2008)

referiram que o perfil sanguíneo dos borregos que mamam da mãe e pastam em florestas tropicais tinha 7,57 biliões/mm^3 de hemácias, 7,21 g.dL^{-1} de hemoglobina e 28,10% de PCV.

Tabela 5.2. Perfil hematológico de borregos **pré-desmame** alimentados com farinha de grilo

Parameters	C	M	CM
RBC (x 10^6 mm^{-3})	7.54 ± 1.48	7.55 ± 1.19	7.37 ± 1.33
Hemoglobin (g.dL^{-1})	11.63 ± 0.90	10.27 ± 0.70	9.87 ± 0.31
PCV (%)	28.67 ± 2.08	28.67 ± 2.52	27.83 ± 2.57
WBC (x 10^3 mm^{-3})	12.73 ± 1.95	12.92 ± 1.83	15.27 ±1.00

C = controlo a mamar da mãe; M= MR 100% de leite de vaca; CM = MR contendo farinha de grilo

Tabela 5.3. Perfil hematológico de borregos **pós-desmame** alimentados com farinha de grilo

Parameters	MR (SB)	MR (SB+CM)	MR (CM)
RBC (x 10^6 mm^{-3})	9.43 ±1.38	9.11 ± 0.49	9.09 ± 0.23
Hemoglobin (g.dL^{-1})	11.23 ± 0.87	11.13 ± 0.98	11.05± 0.41
PCV (%)	30.75 ± 1.71b	28.25 ± 2.06a	27.25 ± 0.50a
WBC (x 10^3 mm^{-3})	12.38 ±1.07	13.76 ± 0.91	13.98 ± 2.12
- Netrophil (%)	39.32 ± 5.58	39.75 ± 1.50	41.05 ± 2.31
- Eosinophil (%)	3.66 ±1.50	6.25 ± 1.26	5.23 ± 0.98
-Limphosit (%)	52.89 ± 6.14	49.25 ± 0.96	49.49 ± 2.73
- Monosit (%)	2.91 ± 0.19	3.25 ± 0.50	2.74 ± 0.51
- Basophil (%)	1.22 ± 0.48	1.50 ± 0.58	1.49 ± 0.57

MR (SB)= substituto do leite com farinha de soja; MR (SB+CM) = substituto do leite com farinha de soja e farinha de grilo; MR (CM) = substituto do leite com farinha de grilo

Os perfis sanguíneos dos metabolitos, como a glucose, os triglicéridos e as proteínas totais do plasma, estão relacionados com o estado nutricional. Nos cordeiros pré-desmame, a glucose no sangue, os triglicéridos e a proteína total foram os mesmos em todos os tratamentos (**Quadro 5.4**). O leite de vaca e o substituto do leite (MR) contendo farinha de grilo tiveram um efeito semelhante no estado nutricional dos cordeiros pré-desmame, em comparação com o controlo (leite de ovelha). Isto significa que a farinha de grilo como parte do ingrediente do substituto do leite não causaria qualquer perturbação no estado do metabolito. Kaneko *et al.* (1989) relataram que a glicose sanguínea normal em cordeiros era de cerca de 50-100 mg/dL. Entretanto, Smith e Mangkoewidjojo (1988) referiram que a proteína plasmática era de cerca de 6,0 - 7,59 g dl^{-1}. Gani *et al.*(2013) relataram que o triglicérido sanguíneo normal no borrego era de cerca de 26-145 mg/dL. Isso mostrou que o cordeiro tinha uma concentração normal de triglicerídeos até agora.

Tabela 5.4. Glicose, triglicéridos e proteínas totais no plasma de borregos pré-desmame alimentados com farinha de grilo

Parameters	C	M	CM
Glucose (mg/dL)	118.18 ±14.93	126.32 ± 19.31	144.01 ± 14.62
Triglyceride (mg/dL)	47.51 ± 5.70	26.62 ± 3.76	39.30 ± 7.09
Total protein (mg/dL)	5.52 ± 0.49	6.03 ± 0.50	6.14 ± 0.71

C = controlo a mamar da mãe; M= MR 100% de leite de vaca; CM = MR com farinha de grilos e PM= MR com farinha de pupas

O estudo revelou que o estado dos metabolitos dos cordeiros pós-desmame alimentados com diferentes níveis de farinha de grilo era semelhante entre todos os tratamentos (**Quadro 5.5**). A farinha de grilo na ração podia substituir a farinha de soja até 100% sem quaisquer problemas com a absorção de nutrientes e o estado dos metabolitos glucose e proteína. Alguma quitina da farinha de grilo pareceu reduzir a absorção devido à baixa digestibilidade. As proteínas que foram absorvidas através do sistema sanguíneo podem ser amoníaco, albumina ou globulina (Frandson 1992). Esta proteína será distribuída por todo o corpo para suportar as necessidades nutricionais do animal. Assim, pode sugerir-se que o estado das proteínas no sangue está relacionado com a ingestão de proteínas. O mesmo acontece com o estado de todos os outros nutrientes no organismo.

Tabela 5.5. Glicose e proteínas totais no plasma de borregos pós-desmame alimentados com farinha de grilo

Parameters	MR (SB)	MR (SB+CM)	MR (CM)
Glucose (mg/dL)	66.22 ± 7.52	58.68 ± 8.70	58.04 ± 7.98
Total protein (mg/dL)	6.76 ± 0.24	8.32 ± 1.29	6.09 ± 0.62

MR (SB)= substituto do leite com farinha de soja; MR (SB+CM) = substituto do leite com farinha de soja e farinha de grilo; MR (CM) = substituto do leite com farinha de grilo

5.2. Utilização de Nutrientes e Fermentação Ruminal de Cordeiros Alimentados com Farinha de Grilo

Os dados relativos aos consumos de matéria seca, proteína e energia dos borregos alimentados com farinha de grilo na ração apresentaram resultados semelhantes aos do controlo. Isto significa que a farinha de grilo tem uma boa palatabilidade para os cordeiros. A ingestão total de matéria seca foi de cerca de 2,80% do PV. Estes resultados são comparáveis com a recomendação do NRC (2006) de que os cordeiros com 10-20 kg de PV necessitam de um consumo de matéria seca de cerca de 2,85% do PV. Entretanto, a ingestão de proteína e energia foi de cerca de 8,73 -9,72 $g.kg^{-1}.PV^{0,75}$ e 0,21 - 0,23 $Mkal.kg^{-1}$ $PV^{0,75}$ respetivamente, o que é suficiente para cordeiros em crescimento. A digestibilidade da MS e da proteína também foi semelhante em todos os tratamentos, mas tendeu a diminuir com a idade. Houve uma diminuição na digestibilidade da energia no tratamento com 100% de farinha de grilo (CM-100) em comparação com os outros tratamentos (**Tabela 5.6**). O relatório de Mc Donald et al. (2002) sugeriu que a farinha de grilo com 8% de quitina afectava a digestibilidade dos nutrientes. A digestibilidade da ração é afetada pelo estado fisiológico do animal, pela idade, pela taxa de passagem da dieta e pela qualidade da ração.

Tabela 5.6. Consumo e digestibilidade de nutrientes de borrego alimentado com diferentes níveis de farinha de grilo

Parameters	C	CM-50	CM-100
Consumption ($g.lamb^{-1}.d^{-1}$):			
Dry matter	383.53±8.64	368.90±45.55	338.53±45.45
Protein	64.98±1.80	57.99±9.05	57.27±9.92
Energy (Mkal.$lamb^{-1}.d^{-1}$)	1.43±0.05	1.36±0.04	1.27±0.04
Digestibility (%):			
Dry matter	64.39±2.43	66.72±4.41	62.28±3.31
Protein	77.09±3.87	74.53±2.73	73.99±2.22
Energy (Mkal)	1.02 ± 0.03^{ab}	1.04 ± 0.06^{a}	0.89 ± 0.10^{b}

C= concentrado contendo 15% de farelo de soja, CM-50 = concentrado contendo farelo de grilo com 50% de substituição do farelo de soja e CM-100 = concentrado contendo farelo de grilo com 100% de substituição do farelo de soja. Médias na mesma linha com diferentes sobrescritos diferem $P<0,05$

Os ácidos gordos voláteis (AGV) são o principal substrato energético dos ruminantes maduros, sendo que mais de 70% das necessidades energéticas do animal são satisfeitas a partir dos AGV absorvidos pelo rúmen (Bergman, 1990). Assim, a compreensão do controlo do crescimento e da diferenciação ruminais é essencial para o desenvolvimento de regimes alimentares melhorados. A concentração de AGV totais na farinha de grilo a 50% (CM-50) foi de 106,33 mM, inferior à do controlo (113 $mmol.L^{-1}$) e à da farinha de grilo a 100% (CM-100, 135 $mmol.L^{-1}$). O alto total de AGV no CM-100 é devido ao acúmulo parcial de AGV, especialmente de ácido acético e butírico. Por outro lado, o tratamento com farinha de ranger em substituição de 100% da farinha de soja (CM-100) tem um menor consumo de energia, pelo que a fibra bruta e a fonte de proteína da ração foram fermentadas e produziram AGV com predominância de ácidos acético e butírico, para cobrir as necessidades energéticas do borrego. As rações com elevado teor de fibra produzirão mais ácido acético do que ácido propiónico. Os AGV eram uma importante fonte de energia para os ruminantes, pelo que a proporção de ácidos acético, propiónico e butírico estava numa proporção equilibrada de 60; 30 e 10 % dos perfis de fermentação ruminal (Jayanegara et al., 2013). Nesta experiência, a proporção de ácido acético, ácido propiónico e ácido butírico foi de 60-65%, 27-28% e 9-12%, respetivamente. Por outro lado, Lane *et al.* (2000), relataram que as concentrações de AGV no rúmen não mudaram com a idade em cordeiros que receberam substituto do leite. Aos 84 dias de idade, as concentrações intraruminais de AGV eram elevadas em cordeiros que consumiam alimentos sólidos em comparação com cordeiros de 84 dias que recebiam substituto do leite. Neste estudo, os borregos começaram a ser alimentados com alimentos sólidos a partir dos 60 dias de idade, o que resultou numa concentração elevada de AGV no rúmen (106 - 135 $mmol.L^{-1}$) em comparação com os borregos alimentados com substituto do leite.

O metano proveniente da agricultura é tipicamente produzido a partir de duas fontes, ou seja, a fermentação dos alimentos no rúmen (emissões entéricas) e a gestão do estrume. Uma proporção significativa das emissões de metano dos ovinos assume a forma de emissões entéricas de metano provenientes da fermentação dos alimentos no rúmen. Existem diferentes métodos para reduzir as emissões de metano entérico, incluindo abordagens nutricionais (Rheidol et al, 2011). O aumento da produtividade pode reduzir as emissões de metano por kg de produção.

A estimativa da emissão de metano usando perfis de AGV teve um resultado preciso com um alto coeficiente de determinação (Jayanegara et al., 2015). O metano estimado a partir de AGV parcial (Moss et al, 2000) no CM-50 (25,22 mmol) foi significativamente inferior ao CM-100 (33,93 mmol). A elevada produção de ácido acético e ácido butírico causou a elevada produção de metano. O aumento da concentração de ácido acético e ácido butírico no tratamento CM-100 conduz à metanogénese, uma vez que a fermentação da glucose e da proteína em ácido acético e butírico produz H2, um composto principal do metano (Jayanegara et al., 2015). Os dados de AGV e metano são apresentados na **Tabela 5.7**.

Tabela 5.7. Perfis de fermentação ruminal de borregos alimentados com diferentes níveis de farinha de grilo

Parameters	C	CM-50	CM-100
Total VFA ($mmol.L^{-1}$)	113.42± 13.93^{b}	106.33± 17.74^{b}	135.60± 15.05^{a}
- Acetic acid	71.88± 17.91^{ab}	62.99± 5.75^{b}	87.47± 6.87^{a}
- Propionic acid	31.45± 9.12	30.32± 9.28	36.56± 5.69
- Butyric acid	10.08± 2.89	13.02± 2.70	11.53± 2.46
Methane (CH4) (mmol)	27.73± 1.23^{b}	25.22±2.01^{b}	33.93±1.72^{a}
CH4/DMI	0.07±0.008^{b}	0.068± 0.01^{b}	0.10±0.009^{a}
CH4/VFA total	24.45±2.22	23.71± 3.11	25.02±3.51
CH4/kgBW	0.41±0.02	0.43±0.02	0.62±0.03

C= concentrado contendo 15% de farelo de soja, CM-50 = concentrado contendo farelo de grilo com 50% de substituição do farelo de soja e CM-100 = concentrado contendo farelo de grilo com 100% de substituição do farelo de soja. Médias na mesma linha com diferentes sobrescritos diferem $P<0,05$

O ganho médio diário desses cordeiros variou entre 55 e 66 $g.cordeiro^{-1}.d^{-1}$, com valores de eficiência alimentar entre 15 e 17%. Astuti e Sastradipradja (1999) referiram que o ADG dos ovinos criados em gaiolas individuais era de 50 $g.d^{-1}$ em comparação com 45 $g.d^{-1}$ quando criados em pastagens. Entretanto, foi referido que os dados relativos ao ADG eram de 66,7 $g.d^{-1}$ com um consumo de ração de 370 $g.d^{-1}$ e que a ingestão de EM (BW°) era de 0,75 $Mj.d^{-1}$ (Baldwin, 2000). Quanto mais elevados os valores de eficiência alimentar, mais eficiente é a utilização dos alimentos pelos animais. Este estudo revelou que a eficiência alimentar foi de cerca de 17%. **A Figura 5.2** mostra o ADG e a eficiência alimentar de cordeiros alimentados com níveis de farinha de grilo em substituição da farinha de soja.

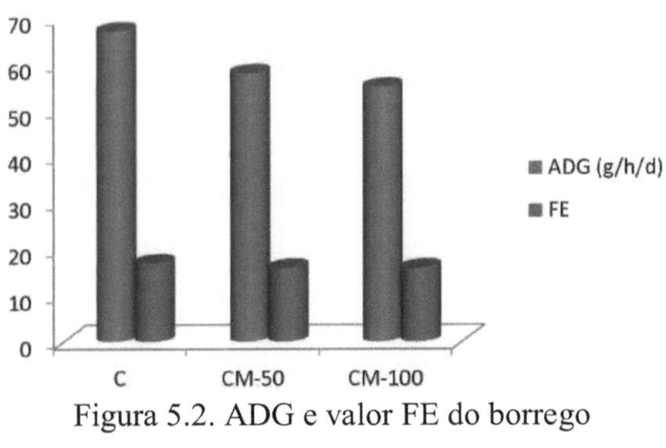

Figura 5.2. ADG e valor FE do borrego

Conclusão

Concluiu-se que a farinha de grilo pode ser utilizada como fonte de proteínas como substituto do leite para borregos em pré-desmame e na ração concentrada para borregos em pós-desmame ou em crescimento. A utilização da farinha de grilo pode atingir até 100% como substituto da farinha de soja na alimentação de borregos em crescimento sem quaisquer problemas de palatabilidade, parâmetros sanguíneos e perfis de fermentação ruminal.

CAPÍTULO 6
POTENCIAL ECONÓMICO, LIMITAÇÕES E ESTRATÉGIA PARA UMA PRODUÇÃO SUSTENTÁVEL

Asnath M. Fuah e Winarno

Na Indonésia, os grilos estão a espalhar-se por quase todo o território, de acordo com os seus habitats originais, mas nem todos os tipos de grilos são cultivados pelas pessoas. Os três tipos de grilos frequentemente criados pela comunidade são os seguintes G. mitratus, G. testacius e *G. bimaculatus. O G. bimaculatus* tem a vantagem biológica de ter a pele do corpo mais macia e uma taxa de crescimento mais rápida, mas é mais agressivo do que o G. mitratus e o G. testacius. O G. testacius caracteriza-se por um corpo grande e uma pele espessa, pelo que tem um aspeto robusto mas ainda é selvagem. Entretanto, o G. mitratus é caracterizado por uma pele espessa, cor escura e corpo relativamente pequeno, uma linha formando uma letra V na cabeça, mais calmo e adaptável. Os grilos tornaram-se um animal de criação para obter rendimentos em dinheiro, porque o capital necessário é relativamente pequeno, o período de criação é curto e a oportunidade de mercado ainda está aberta. A criação de grilos na Indonésia não se desenvolveu muito, pelo que a oportunidade de negócio dos grilos é ainda muito difícil.

O potencial e os benefícios dos grilos para a alimentação de aves, peixes, répteis e animais de estimação têm sido bastante conhecidos pelo público. Em algumas partes da Indonésia e em alguns países, os grilos também são consumidos pelos seres humanos. Os grilos têm potencial para serem desenvolvidos, uma vez que estes insectos (1) contêm um elevado teor de proteínas, (2) têm uma elevada capacidade de reprodução com um ciclo de vida curto e (3) são fáceis de alimentar (De Foliart et al., 1982). Os produtos de grilo vendidos no mercado são ovos, *clones* e progenitores. O mercado-alvo dos ovos e dos progenitores de grilos são os criadores de grilos, enquanto *os clondos* são vendidos aos adeptos de pássaros cantores ou de peixes arwana. *O clondo* como alimento para pássaros chilreantes fará com que os pássaros tenham excelentes cantos, e como alimento para peixes arwana fará com que o corpo do peixe tenha cores mais brilhantes. Para além dos três produtos, há também farinha de grilo utilizada como alimento para camarão e peixe-gato (Paimin et al., 1999). Os grilos também são conhecidos como alimento humano em alguns países. De acordo com Bodenheimer (1951), os grilos eram um tipo de inseto consumido por pessoas em países como a Índia, as Filipinas, a Tailândia e a Indonésia. Estes insectos são consumidos não só em tempo de emergência, mas também como alimento complementar, como fonte alternativa de proteínas durante todo o ano. De Foliart et al. (1982) afirmam que os grilos têm muito potencial para serem criados como ingrediente alimentar e ração, uma vez que são palatáveis e têm um elevado teor de proteínas. Em Jogyakarta, especialmente nas zonas urbanas, os grilos eram tradicionalmente transformados pelas famílias como alimento humano ou para serem vendidos como vários petiscos ou bolachas.

Os grilos podem ser transformados em farinha e têm o potencial de ser uma fonte alternativa de proteína animal porque contêm nutrientes, particularmente aminoácidos que são suficientemente completos para poderem substituir parcialmente a farinha de soja e a farinha de peixe na mistura de alimentos para frangos de carne. O teor de proteína da farinha de grilo com base em material húmido variou entre 56,02% e 61,58%. Quando comparada com o teor proteico dos alimentos consumidos por humanos, a farinha de grilo pode ser usada como uma fonte alimentar alternativa de proteínas (Napitupulu, 2003). Novianti (2003) mostrou que a farinha de grilo *Kalung (G. bimaculatus)* contém proteína e gordura relativamente altas, variando de 56,02% a 74,5% e 15,47% a 32,84% respetivamente. Syaiful (2003) afirmou que o ácido linoleico é o ácido gordo mais dominante na farinha de grilo, que é essencial para humanos e animais, principalmente para prevenir dermatite (secura e descamação da pele) em crianças.

6.1. Produtividade da criação de grilos

A produtividade dos grilos pode ser definida como o rácio entre a produção e os produtos derivados dos grilos e os recursos globais afectados ao processo de produção por ciclo, ou um aumento da produção por unidade de tempo, Simanjuntak (1998) e Reksohadiprodjo (1995). Tecnicamente, a produtividade dos grilos é formulada como o rácio entre o produto produzido pela cultura de grilos e todos os factores de produção para aumentar a produtividade na melhoria dos métodos de produção que podem economicamente produzir os resultados tanto quanto possível à custa do menor recurso. A produtividade do grilo é influenciada por três factores principais: genética, ambiente e a interação entre o fator genético e o ambiente, devendo todos os factores ser optimizados (Kurniawan, 2010). A produção de ovos, a eclodibilidade, a taxa de mortalidade e a taxa de sobrevivência por ciclo são aspectos importantes a considerar em relação à genética (espécie de grilo) e à interação com o ambiente. A temperatura, a humidade e a estação do ano têm influência na produção e no crescimento dos grilos, especialmente na estação seca, onde a taxa de mortalidade é muito elevada. Segundo Herdiana, (2001), a taxa de mortalidade dos grilos pode atingir 89,35% na estação seca. A disponibilidade de alimentos, tanto o tipo como a quantidade, tem grande influência no nível de preferência e na produtividade dos grilos (Resh e Carde, 2006). Os factores económicos também desempenham um papel importante no desenvolvimento da cultura de grilos, que incluem a procura, o mercado, a fixação de preços e a promoção, e a comercialização.

6.2. Factores que afectam a produtividade do críquete

Qualidade dos ovos e eclodibilidade

A qualidade dos ovos de grilo diminui ou são encontrados mais ovos inférteis devido a condições ambientais inadequadas, como uma longa seca. Um ambiente húmido pode também degradar a qualidade dos ovos, tornando-os susceptíveis a um ataque de doenças ou a serem cobertos por fungos. Todos os ovos tortos ou pretos indicam que os ovos são maus. A humidade relativa necessária para a eclosão dos ovos varia entre 65% e 80%, com uma temperatura do ar de 26° C (Paimin et al., 1999). Os ovos não eclodem todos de uma vez, mas gradualmente (Sridadi e Rachmanto, 1999). O tempo necessário para a eclosão dos ovos de grilos *Kalung (G. bimaculatus)* que foram libertados foi de 15-17 dias após o acasalamento (Rifadah, 2000). O ciclo reprodutivo curto foi fundamental para os criadores de grilos gerarem rendimentos num curto espaço de tempo, durante 6-8 períodos por ano, particularmente quando as condições ambientais favorecem o negócio da criação de grilos (Rifadah, 2000). Além disso, o número e a qualidade dos ovos produzidos devem satisfazer as necessidades do mercado. De acordo com Widyaningrum (2001), a eclodibilidade do grilo *Kalung* é considerada muito elevada, quando é superior a 95%, mas a qualidade é considerada má se a eclodibilidade for inferior a 50%.

Gestão dos alimentos para animais

Uma alimentação de boa qualidade pode melhorar a produtividade e o desempenho dos grilos, o que resulta num aumento do seu valor de venda. Como animais herbívoros, os grilos comem geralmente muitos tipos de folhas, legumes e frutos que contêm muita água, uma vez que não bebem água. Os alimentos para grilos são de dois tipos: folhagem e alimentos concentrados. A folhagem deve estar disponível durante todo o ano, ser em quantidade suficiente e conter nutrientes que satisfaçam as necessidades dos grilos. Evite escolher folhagens que façam os grilos competir com outros animais. Os alimentos sob a forma de folhas são retirados da natureza, pelo que são eficientes e económicos. Os grilos que recebem um concentrado alimentar extra podem crescer mais rapidamente do que os grilos alimentados com folhas (Praditya, 2003). A utilização de recursos alimentares de baixo preço, que têm uma nutrição adequada, pode melhorar a eficiência para aumentar o rendimento da criação de grilos. De acordo com Widyaningrum, 2001, a combinação de alimentos para grilos cultivados, constituídos por folhagem, quando adicionados ao concentrado para galinhas, pode aumentar o crescimento e a produção de ovos.

Sistema de gaiolas e densidade

Os grilos necessitam de uma gaiola de criação quase semelhante ao seu habitat natural na natureza, a fim de melhorar o seu conforto. Uma gaiola confortável para os grilos deve satisfazer os seguintes critérios: boa circulação do ar, temperatura e humidade controladas, esconderijo, escuridão suficiente e materiais utilizados para proteger os grilos dos predadores (Sukarno, 1999). Os esconderijos servem para minimizar o risco de canibalismo e aumentar o espaço para os grilos se movimentarem (Paimin, et.al, 1999). O cultivo de grilos na Indonésia utiliza geralmente madeira, contraplacado ou bambu como materiais para fazer gaiolas para grilos. Estes materiais são escolhidos porque são relativamente baratos e bastante duráveis. Quando os grilos são mantidos numa gaiola, a humidade pode ser mantida pulverizando água à volta ou colocando algodão molhado na gaiola, Booth e Kiddell (2007). A gaiola deve ser equipada com um meio de nidificação, especialmente para os grilos adultos. Ao criar uma gaiola semelhante ao habitat original na natureza, alguns tipos de gaiolas são feitos de madeira e contraplacado, o que pode reduzir significativamente o risco de morte e melhorar a produtividade dos grilos.

A densidade das gaiolas para grilos está estreitamente relacionada com a mortalidade, sendo que quanto maior for a densidade, maior será a mortalidade. As gaiolas demasiado densas podem desencadear o canibalismo e abrandar o crescimento e o desenvolvimento dos grilos (Clifford et al., 1977). Widyaningrum (2001) relatou que os grilos *Kalung* criados numa gaiola de 60x45x30cm com uma densidade de 500 grilos registaram uma mortalidade de 35%. Esta situação deve-se ao facto de os grilos necessitarem de espaço adequado para as suas actividades: alimentação, acasalamento, muda e nidificação. Uma gaiola sobrelotada não só é desconfortável como também pode desencadear o canibalismo, o que, por sua vez, provoca uma mortalidade elevada e uma baixa produtividade. Isto acontece frequentemente na cultura de grilos realizada principalmente pela sociedade, tornando o seu nível de rendimento relativamente baixo, (Fuah, et.al., 2015).

Promoção e marketing

Em geral, a cultura de grilos efectuada pelos agricultores na Indonésia continua a ser feita de forma tradicional, sem qualquer estratégia específica para a comercialização dos seus produtos. Isto porque, para alguns agricultores, o cultivo de grilos é apenas uma atividade secundária para satisfazer um mercado limitado, particularmente para a alimentação de aves, peixes e répteis. Entretanto, o número de empresas que se dedicam à criação de grilos é ainda limitado, pelo que existe ainda um fosso entre a oferta e a procura. As estratégias de comercialização em várias regiões da Indonésia podem ser classificadas em: (1) comercialização através de retalhistas, (2) comercialização através de consumidores diretos, (3) prestação de serviços diretamente pelos agricultores, (4) adiamento da época de colheita para obter um preço adequado no mercado, mantendo a qualidade, (5) comercialização de grilos nas zonas onde o preço de venda é elevado, (6) estudo do mercado antes da venda. As comunidades de criadores de grilos obtêm geralmente informações sobre o mercado através dos seus comerciantes colectores e de outros criadores. O potencial do mercado de grilos inclui as regências, as províncias e as ilhas. O mercado-alvo dos criadores de grilos é constituído por comerciantes colectores, retalhistas e consumidores diretos. A promoção é geralmente efectuada através da Internet e da oferta direta aos consumidores.

Ao comercializarem os seus grilos, os criadores fixam, geralmente, um determinado preço, mas, em determinadas circunstâncias, o preço sofrerá flutuações, consoante o número de grilos no mercado. O preço da colheita será elevado quando o número de grilos no mercado for pequeno, e vice-versa. Os resultados da investigação conduzida por Rahmawati (2010) mostraram que, ao longo de um ano de cultura de grilos, os preços dos grilos sofreram três tipos de alterações de preços: duas vezes baixos, uma vez no ponto de equilíbrio, e duas vezes altos. A oferta de grilos no mercado é uma das principais causas das flutuações de preços. Os resultados do mesmo estudo de Rahmawati (2010) mostraram que os preços dos grilos em Java Central variavam de Rp 4.500 a Rp 35.000 por kg, com um preço médio de Rp 19.000 por kg, enquanto em Java Oriental o preço variava de Rp 5.000 a Rp 40.000 por kg, com um preço médio de Rp 19.500 por kg. Entretanto, em Java Ocidental, o preço do críquete variava entre Rp 20 000 e Rp 50 000 por kg, com um preço médio de Rp 25 000 por kg. O sistema de pagamento era geralmente efectuado em numerário e o tempo de atraso variava entre 3 e 7 dias. A diferença nos sistemas de pagamento dependia de um acordo entre o criador e o comprador. Esta condição foi influenciada por um sistema de confiança e pela baixa posição negocial do agricultor. Por vezes, os criadores tinham de esperar muito tempo para receber o pagamento. A duração do atraso no pagamento perturbou a regularidade, a disponibilidade do produto e a sustentabilidade, particularmente no que diz respeito ao fornecimento de progenitores de grilos, alimentação, manutenção das gaiolas e mão de obra.

6.3. Factores dominantes no negócio de críquete

Os factores que determinam o sucesso do negócio de grilos podem ser classificados em duas coisas: (1) factores técnico-biológicos, como a reprodução, alimentação, criação, enjaulamento e controlo de doenças; e, (2) factores não técnicos (bio-económicos e sociais), como a condição sócio-cultural, poder de compra, marketing, infraestrutura e transporte (Basuki, 1985; Fuah et al., 2014). Três fatores que afetam a propagação de grilos na Indonésia são (1) fatores de cultura social, que incluem costumes, experiência e nível de educação; (2) fatores econômicos, que incluem trabalho, capital, marketing e processamento de produtos; (3) ambiente biótico ou natureza, que inclui diversos elementos geográficos e topográficos na Indonésia (Atmadilaga, 1977). Com base nestes factores, o desenvolvimento da produção de crustáceos na Indonésia é também muito diversificado, desde a pequena escala até à escala industrial, que tem vindo a crescer rapidamente e continua a concentrar-se em Java. Em Java, os factores relacionados com o macro ambiente são altamente favoráveis, particularmente porque as condições económicas das pessoas são bastante favoráveis, a procura de produtos de grilo é relativamente elevada, existem oportunidades de exportação e a disponibilidade de alimentos é bastante diversificada (Mukson et al., 2005).

6.4. Análise dos rendimentos e receitas da atividade de críquete

A taxa de lucro no negócio de cricket é medida pela receita do criador, que é normalmente utilizada para avaliar as actividades de um negócio com o objetivo de ajudar a melhorar a gestão do negócio. Uma análise das receitas no negócio de cricket tem como objetivo descrever o estado atual do trabalho realizado e descrever a situação futura (Hernanto, 1993). No cálculo para efeitos de análise do rendimento e da receita do negócio da cultura do grilo, pode ser utilizada a seguinte fórmula:

$$\pi = TR - TC = TR - (TVC + TFC)$$

$$\pi = Px.Y - (Px.X + TFC)$$

$$\pi = Py.Y - Px.X - TFC$$

A receita total (TR) é a quantidade de produção multiplicada pelo preço de saída (Py). O custo de produção (Custo Total / CT) é o custo variável total (Custo Variável Total / CVT) mais o custo fixo total (Custo Fixo Total / CFT). TVC é a quantidade de factores de produção (x) multiplicada pelos preços dos factores de produção (Px).

As receitas são constituídas por três elementos: a venda dos produtos (grilos e ovos), o produto consumido (se for caso disso) e o aumento do valor das existências da cultura de grilos. A análise do rendimento do negócio é feita considerando os factores de um negócio, entre outros, o negócio de cultivo de grilos, os custos de produção (custos variáveis e custos fixos), a margem bruta e o rendimento do negócio de grilos. Uma análise do rendimento do negócio de críquete é apresentada na **Tabela 6.1.**

Eis um exemplo de análise do rendimento agrícola dos grilos em Bekasi, com 17 agricultores e uma capacidade de produção média de 175 kg/mês.

Tabela 6.1. Análise do rendimento da atividade de cultivo de grilo

No	Description	Total (IDR)
1	Revenue of cricket cultivation business	124.050.000
2	Production cost	
	a. Variable cost	37.215.000
	b. Fix cost	24.810.000
3	Gross Margin	86.835.000
4	Income of cricket cultivation business	62.025.000

Os resultados da análise da empresa obtiveram um rácio R/C de 2, o que mostra que a cultura de grilos é altamente prospetiva e rentável. A receita em numerário é definida como o valor do dinheiro recebido com a venda dos produtos da cultura de grilos (grilos ou ovos). As despesas em numerário da empresa de cultura de grilos são definidas como o montante pago pela compra de bens e serviços para gerir a empresa. O rendimento é a diferença entre as receitas totais e os custos. Os custos podem ser classificados em custos fixos e custos variáveis (Soekartawi et al., 1986). Os custos fixos são as despesas cujos valores não dependem do volume de produção, como o aluguer ou os juros do terreno sob a forma de dinheiro. Os custos variáveis são as despesas cujos valores estão diretamente relacionados com o volume de produção, tais como as despesas com matrizes e rações.

6.5. Caraterísticas do negócio de críquete

Tipologia de negócios

A tipologia dos criadores de grilos pode ser dividida em duas: como atividade principal e como atividade secundária. Como atividade principal, os criadores fazem do cultivo de grilos a sua principal fonte de rendimento, e este tipo de criadores encontra-se geralmente em zonas urbanas ou suburbanas, perto dos factores de produção e dos mercados. Como atividade secundária, os criadores geralmente têm uma fonte de renda primária de outros negócios, e a criação de grilos é apenas um extra ou um hobby. Rahmawati (2010) afirmou que alguns criadores têm a criação de grilos como atividade principal e outros como atividade secundária, dependendo do objetivo da produção e do mercado disponível, nomeadamente os mercados permanentes que já têm contratos de cooperação a longo prazo. Em Java Central, os criadores que faziam do cultivo de grilos a sua atividade principal eram apenas

33,33%, em comparação com 66,67% de criadores que consideravam o cultivo de grilos como uma atividade secundária. Entretanto, em Java Oriental e Java Ocidental, cerca de 86% dos criadores tinham o cultivo de grilos como atividade principal e os restantes 14% como atividade secundária. Os criadores de grilos que consideravam a criação de grilos uma atividade secundária tinham geralmente campos de arroz para cultivar, enquanto o cultivo de grilos servia apenas para satisfazer as suas necessidades diárias. Pelo contrário, os criadores que faziam do cultivo de grilos a sua atividade principal, normalmente não tinham outro negócio ou campos de arroz ou terras agrícolas para cultivar. É claro que havia produtores de arroz que preferiam a criação de grilos como atividade principal a serem produtores de arroz. Atualmente, quando as mudanças sazonais são bastante imprevisíveis, muitos agricultores mudaram a sua atividade da agricultura para a criação de animais, tais como abelhas, bichos-da-seda, lagartas de Hong Kong, formigas tecelãs, incluindo grilos.

A maior parte dos criadores não aplicou a tecnologia moderna na sua cultura de grilos. Isto pode ser visto pelo uso de instalações e equipamentos que ainda são tradicionais e simples (**Figura 6.1**). A eficiência do negócio ainda é feita através da contratação de mão de obra barata e do uso de instalações simples para satisfazer uma procura limitada do mercado. Para melhorar a produtividade do cultivo de grilos e o rendimento dos criadores, é necessário que o governo local e as agências relacionadas desempenhem um papel no desenvolvimento deste negócio, fornecendo formação sobre boa gestão agrícola, sistema de informação, promoção e marketing eficaz. Para além disso, é essencial o apoio das universidades através da preparação de uma investigação e desenvolvimento holísticos utilizando a abordagem de Investigação de Sistemas Agrícolas e envolvendo peritos relacionados com a criação de grilos. Esta estratégia ajudaria a fornecer aos pequenos agricultores a tecnologia e a capacidade adequadas para o desenvolvimento do negócio dos grilos.

Figura 6.1. Tipos de gaiolas e instalações utilizadas para a criação de grilos (Fonte: Fazenda Bekasi)

Balanças comerciais

Uma escala de negócios é o número de populações de grilos criados diariamente. As escalas de negócios são divididas em três negócios: pequeno, médio e grande. As escalas de negócios afectam diretamente o rendimento obtido. Do ponto de vista económico, quanto maior for a escala do negócio, maior será o rendimento, especialmente se for apoiado por uma boa gestão agrícola (Rahmat, 2008). Isto é consistente com a afirmação feita por Astuti et al. (2000) de que o número de grilos possuídos determina o nível de rendimento, porque quanto maior for o número de grilos, mais eficiente será o negócio, aumentando assim as receitas e reduzindo o custo total de produção. Em geral, muitos criadores de grilos na Indonésia iniciam uma atividade de cultivo de grilos em pequena ou média escala com o seu próprio capital. De acordo com Rahmawati, (2010), as escalas de negócios de críquete são classificadas com base no número de caixas possuídas: pequena (5-10 caixas), média (10-20 caixas) e grande (> 20 caixas). As escalas de negócio são influenciadas por factores como o montante do capital, a dimensão da terra, a estratégia de marketing e a gestão agrícola. O aumento da escala de negócios varia muito em cada região, indo de 60 a 500% (Rahmawati, 2010).

O aumento da escala de negócios indica que a atividade de cultivo de críquete contribuiu com lucros para que o negócio se pudesse desenvolver bem. O aumento da escala de negócios está também associado às receitas que os criadores obtêm da sua atividade comercial. Os criadores de grilos que comercializam os seus produtos diretamente aos consumidores podem beneficiar de preços de venda relativamente mais elevados. Pelo contrário, os criadores que dependem apenas de comerciantes de coleção para comercializar os seus produtos não podem determinar o preço dos seus próprios grilos, pelo que o rendimento obtido não é o ideal. O rendimento do criador tem um efeito significativo na continuidade e no desenvolvimento da atividade de cultivo de grilos.

Análise dos rendimentos e receitas da atividade de críquete

O rendimento e a receita são muito importantes na atividade de criação de grilos, porque indicam se a empresa teve lucro ou não. O rendimento pode ser definido como a diferença entre a receita e o custo de produção, enquanto a receita é o valor obtido a partir da produção ou do produto, porque o criador o vendeu ao comprador. O rendimento da atividade de cultivo de grilos é grandemente influenciado pelas flutuações de preços no mercado e pela produtividade do cultivo de grilos.

Os resultados da investigação conduzida por Rahmawati (2010) mostraram que o rendimento médio dos criadores de grilos num ano com uma escala de 20-30 caixas, para Java Central, era de Rp 134 714 300,00 com uma receita média de Rp 186 566 666,00, e para Java Oriental Rp 149 899 333,00 com uma receita média de Rp 255 960 000,00. O resultado da análise dos rendimentos indica que a cultura de grilos efectuada pelos criadores tem um valor positivo, apesar de o preço de colheita dos grilos no mercado estar sempre a flutuar. A investigação conduzida por Sidiq, 2015, mostrou que o rendimento médio dos criadores de grilos em Java Ocidental num ano, para uma escala de 20 caixas, era de Rp. 116.280.000,00, com uma receita média de Rp. 222.000.000,00.

6.6. Restrições nas empresas de críquete

O insucesso de uma empresa de cultivo de grilos é geralmente causado por vários factores, como o ambiente, a alimentação, a criação e a gestão das gaiolas, as doenças e os predadores, que resultam numa menor produção de ovos e taxa de eclosão e numa elevada mortalidade. As temperaturas extremas e a humidade têm um efeito na elevada mortalidade dos grilos, que atinge 35,04% (Widyaningrum, 2009). De acordo com Paimin et.al (1999), se o nível de densidade da gaiola for demasiado elevado, especialmente na fase de mudança de pele (muda), ocorrerá canibalismo, em que os grilos fortes atacam os fracos. No sistema de criação, uma gaiola com menos circulação de ar terá falta de oxigénio e os grilos morrerão sufocados (Sridadi e Rachmanto, 1999). A consanguinidade é também um constrangimento na criação de grilos, porque a maioria dos criadores utiliza progenitores de grilos da mesma ninhada para efeitos de reprodução, o que leva a uma elevada taxa de mortalidade de cerca de 35-36% (Widyaningrum, 2011) e a uma baixa reprodução. Além disso, alguns predadores, como formigas, ratos e lagartos, tornam-se frequentemente uma ameaça para a criação de grilos. O aspeto da comercialização também se tornou um dos obstáculos enfrentados pela maioria dos criadores de grilos na Indonésia. Em geral, os grilos são vendidos a comerciantes de coleção a um preço relativamente mais baixo, porque os agricultores não têm acesso a mercados a preços razoáveis e devido a restrições de transporte. Os comerciantes de coleção são uma das cadeias do sistema de comércio que é importante e domina a comercialização de grilos a consumidores como lojas de animais de estimação, amantes de aves, empresários de répteis e piscicultores. Este facto faz com que o rendimento recebido pelos criadores de grilos seja inferior ao que deveria ser. Outro fator que afecta a estabilidade dos rendimentos dos criadores de grilos é a flutuação dos preços. Quando há um excesso de oferta, o preço dos grilos e dos ovos de grilo torna-se muito baixo. Por outro lado, quando a procura de grilos e dos seus ovos é elevada e a oferta é baixa, o preço torna-se muito caro, por vezes o dobro dos preços actuais. É o que acontece normalmente com as regras comuns da oferta e da procura.

A criação de grilos raramente recebe atenção do governo para ser desenvolvida porque os programas governamentais ainda se concentram em produtos nacionais como ruminantes e aves. Isto tem um impacto no padrão de cultivo e na aplicação da tecnologia, que ainda é muito simples, e nos objectivos de produção, que ainda não são comerciais. Para desenvolver uma criação de grilos que não exija grandes factores de produção e grandes áreas, o apoio do governo, particularmente dos departamentos/agências relacionados, é extremamente necessário para permitir que a criação de grilos se torne uma fonte de rendimento comunitário, especialmente nas áreas urbanas e suburbanas. O baixo nível de compreensão do público sobre o valor económico da criação de grilos deve ser aumentado através de um programa de formação sobre gestão agrícola e vários outros aspectos relacionados com a promoção e comercialização.

O papel do governo e das agências doadoras na ajuda aos produtores de grilo para aumentarem a sua escala de negócios, a gestão e as competências agrícolas, um sistema de marketing eficaz e a qualidade do produto são um fator importante na capacitação económica dos agricultores e na criação de emprego que tem um impacto no aumento das receitas. O papel do governo no desenvolvimento da cultura do grilo inclui a formação de criadores de grilo, a elaboração de políticas e regulamentos e o financiamento para efeitos de provisão de capital. As actividades de formação para melhorar as competências dos criadores de grilo, entre outras, são: a) gestão de negócios; b) gestão agrícola, e c) gestão de marketing. A implementação do sistema organizacional e o uso de mão de obra no cultivo de grilos ainda são orientados para a família, porque alguns criadores ainda fazem do cultivo de grilos um negócio secundário. A contribuição dos membros da família, especialmente das donas de casa, durante os seus tempos livres de aproximadamente 1-2 horas, alimenta um custo significativo de mão de obra no negócio de grilos, o que era muito promissor para um rendimento monetário significativo.

CAPÍTULO 7
RECOMENDAÇÃO

Existem mais de 100 espécies de grilos na Indonésia, mas apenas algumas espécies foram cultivadas pelos agricultores, nomeadamente o grilo *de Cliring (Gryllus mitratus), o* grilo *de Cendawang (Gryllus testaceus)* e o grilo de *Kalung (Gryllus bimaculatus) e,* um pouco raramente, os grilos alemães. Para além dos grilos selvagens que ainda vivem nos seus habitats naturais, os três grilos domesticados têm sido amplamente cultivados nas ilhas de Java para fins comerciais. Os centros de produção tornaram-se os principais fornecedores de grilos e ovos de reprodução para satisfazer a procura crescente dos compradores na Indonésia. Entre os vários factores que causam o fracasso e as grandes perdas na cultura e no negócio dos grilos contam-se o ambiente, a disponibilidade de alimentos, a gestão, os sistemas de enjaulamento, as práticas de produção e de criação de grilos, havendo algumas recomendações a considerar para programas futuros:

1. Fornecimento de condições ambientais adequadas, incluindo temperatura, humidade e alimentos suficientes para a criação de grilos de acordo com o ciclo de vida dos grilos
2. Aplicação de uma boa gestão para prevenir os grilos de doenças ou bactérias que possam causar doenças ou perdas de produção
3. Fornecimento de gaiolas de conceção adequada a cada localidade para evitar que os grilos sejam predados nas zonas de cultivo
4. Implementação de programas de reprodução adequados, fornecendo novos machos produtivos de diferentes ninhadas para evitar a consanguinidade
5. O estabelecimento de empresas de grilos de média e grande escala pode ajudar a criar oportunidades de emprego para os agricultores sem terra como atividade alternativa. Os agricultores precisam de receber formação sobre o cultivo de grilos, incluindo gestão, estratégias de reprodução, comercialização e logística animal
6. Ter bons conhecimentos sobre a tecnologia pós-colheita de grilos para determinar a boa qualidade da produção para posterior transformação do produto
7. O apoio do governo ao desenvolvimento de empresas de críquete e a política de comercialização de produtos de críquete seriam as melhores estratégias para os pequenos agricultores. Para tal, é necessário organizar a cadeia de

abastecimento, centrando-se no sistema de preços.

8. Reforçar a capacidade institucional das empresas de críquete para melhorar o acesso aos factores de produção, aos processos e aos resultados.
9. Fornecimento de tecnologia adequada aos agricultores para melhorar a produção e a eficiência .

BIOGRAFIA DOS AUTORES

Asnath M. Fuah, Hotnida C.H.Siregar, Yuni C.Endrawati, são professores no Departamento de Produção e Tecnologia Animal da Universidade Agrícola de Bogor.

Dewi Apri Astuti e Lilis Khotidjah são professores no Departamento de Nutrição Animal e Tecnologia dos Alimentos para Animais, Faculdade de Ciências Animais, Universidade Agrícola de Bogor. O principal domínio de trabalho, numa perspetiva alargada, é a nutrição animal.

Domínio de interesses especiais:

Asnath M. Fuah: Produção integrada de gado

Hotnida C.H.Siregar e Yuni C.Endrawati: Produção animal em perspetiva Dewi Apri Astuti: Fisiologia da nutrição

Lilis Khotidjah: Nutrição de Pequenos Ruminantes

REFERÊNCIAS

Adihendro. 1999. *O Segredo da Criação de Grilos*. Jacarta (ID) : Editora Ardy Agenct.

Ardi Indrayana. 2004. Desempenho de grilos Jerman alimentados com uma combinação de cencetrato com folhas de mandioca e folhas de papaia. Tese. Faculdade de Ciências Animais. Universidade Agrícola de Bogor. Bogor

Astuti, D.A. e D. Sastradipradja. 1999. Energy metabolism in relation to grazing activity in growing priangan sheep as affected by rations. Indonesian Journal of Trop. Agric. Vol. 3: 1-11

Astuti, D.A, Ekastuti D.R, Sugiarti Y, Marwah. 2008. Perfil sanguíneo e pontuação hematológica de ovelhas locais que cultivam na floresta de pesquisa Sukabumi Walat Mountain. *Agribisnisnis Peternakan* : Vol (8) No. 2: 1-8.

Astuti, T., Abungamar, Siswadi e Y. Subagyo. 2000. Estudos sobre a melhoria dos lucros dos criadores de cabras leiteiras no distrito de Kaligesing, Regência de Purworejo. Journal Animal Production. fevereiro de 2000, Edição Especial. Faculdade de Ciência Animal da Unsoed. Purwokerto. p: 260-267.

Atmadilaga, D. 1977. Estratégia básica de desenvolvimento da criação de gado na Indonésia. Editora da Universidade da Indonésia, Jacarta.

Baldwin, R.L.2000. Desenvolvimento gastrointestinal dos ovinos em resposta a diferentes tratamentos dietéticos. Small Ruminant Research 35: 39-47

Bodenheimer, F.S. 1951. Os insectos como alimento humano. A chapter of the ecology of man. Dr. W. Junk Publishers, Haia, Países Baixos.

Booth, D.T. e K. Kiddell. 2007. Temperature and the energetics of development in the house cricket *(Acheta domesticus)*. *Journal of Insect Physiology*. http://www.sciencedirect.com. [9 de setembro de 2007].

Borror, D,J., Triplehorn CA, Johnson NF. 1992. *The Introduction of Insect*. 9th Edition. Tradutor: Soetiyono, P. Yogyakarta (ID): Gadjah Mada University Press.

Budi, H.Y. 1999. Grilos de cultivo secreto. Semarang.

Bursell E. 1970. An Introduction ti Insect Physiology. Londres (Reino Unido) e Nova Iorque (EUA): Academic Press.

Gabinete Central de Estatística (BPS) 2014. Indonesia Statistic 2014. Statistik Center (descarregado em 21 Mei 2015) Disponível em : http://www.bps.go.id.

Gabinete Central de Estatística. 2014. Área colhida (ha) Mandioca.Catálogo BPS.

Gabinete Central de Estatística. 2015. Condições de trabalho *agosto de 2015*. Catálogo BPS.

Chapman, R.F. 1975. The Insects Structure and Function. Elsewier.

Chinery. 1986. A Fild Guide to the Instant of Britain and Northern Europe. Toronto (EUA) : William Collins and Sons Co Ltd.

Clifford C.W, Richard M.R., Woodring J.P. 1977. Métodos de criação para obter grilos domésticos *Acheta domesticus* de idade, sexo e instar conhecidos. Annals of The Entomological Society of America. 70(1): 69-73.

Clifford, C.W., R.M. Roe e J.P. Woodring. 1977. Métodos de criação para a obtenção de grilos domésticos, Acheta domesticus, de idade, sexo e instar conhecidos. Ann Entomol. Soc. Am. 71 : 40-42.

Corey, S., B. Holy.,N. Patrick e B. Patrick. 2000. Crickets. 1ª Edição. Universidade do Arizona, Arizona.

De Foliart, G.R., M.D. Finke e M. L. Sunde. 1982. Potential value of the mormon cricket (Orthoptera: Tettigoniidae) harvested as high protein feed for poultry J. Econ. Entomolo. 75: 848-852.

Dendi V. 2012. Avaliação da substituição de farinha de peixe e farinha de soja na alimentação de ovelhas locais para o desempenho da lactação dos pais e do cordeiro pré-desmame [Tese] Faculdade de Ciência Animal. Universidade Agrícola de Bogor.

Direção-Geral da Pecuária e da Saúde Animal. 2014. Livro de estatísticas de gado. Jakarta. Ministério da Agricultura.

Esa. 1998. Grilo Clondho, O mais desejado. Tabloide Agrobis nº 280. 2nd Semana de agosto P.26

Organização das Nações Unidas para a Alimentação e a Agricultura. 2011. *Criação de ruminantes jovens com substitutos do leite e alimentos de arranque*. Manual de Produção e Saúde Animal da FAO no. 13www.deltasearch.com/?affID=119529&tt=gc_190513

Fitriyani J. 2005. Desempenho de grilos *Kalung (Gryllus bimaculatus)* em gaiolas com ou sem aplicação de lama e com ou sem isolamento. [Tese] Bogor (ID): Faculdade de Ciência Animal, Universidade Agrícola de Bogor.

Frandson R.D. 1992. *The Goat Keepers Veterinary Book.* Ipswich. Ed ke-3. Reino Unido (EUA): Farming Press.

Fuah A.M., Siregar H, Winarno. 2014. Sistema de criação de gado (conceito, conceção e aplicações). Bogor (ID) : IPB Press.

Fuah, A.M. et.al. 2015. Criação de críquete para proteína animal como negócio lucrativo para pequenos agricultores na Indonésia. Journal of Agric. Scie. And Tech. A. Vol. 5; Número 4, abril de 2015. David Publishing Company, EUA.

Gani N, Momuat L.I, Pitoi MM. 2013. Perfil lipídico plasmático de ratos Wistar em hipercolesterolemia dado um gedi vermelho *(Abelmoschus manihot L.).*

Journal MIPA. 2(1):44-49

Hasegawa, Y e H. Kubo. 1996. O grilo. Série Mistério Natural. PT. Elex Media Computindo Publisher, Gramedia, Jakarta.

Herdiana, D. 2001. Pengaruh pakan terhadap performa tiga jenis jangkrik lokal. A influência da alimentação no desempenho de três tipos de grilos locais. Tese. Faculdade de Ciências Animais. Universidade Agrícola de Bogor.

Inounu I. 1996. Diversity Production of Prolific Livestock [Tese] Escola de Pós-Graduação da Universidade Agrícola de Bogor

Intania, A. 2006. Reprodução do grilo *Kalung* (Gryllus bimaculatus) que recebe alimentação adicional com curcuma em pó (Curcuma domestica). Tese. Faculdade de Ciências Animais. Universidade Agrícola de Bogor. Bogor

Jamal R. 2000. Otimização da gestão da manutenção do grilo local *(Gryllus bimaculatus de geex*) durante a produção [Tese]. Bogor (ID): Faculdade de Ciência Animal. Bogor

Jayanegara A., H.P.S. Makkar & K. Becker. 2015. Adição de fontes de taninos purificados e

Jayanegara A., Ikhsan & T. Toharmat. 2013. Avaliação da estimativa de metano a partir da estequiometria de ácidos gordos de voleibol no rúmen in vitro. J. Indonesian Trop. Anim Agric. 38: 103-108.

Kaneko J.J. 1989. Bioquímica Clínica do Animal Doméstico. Ed 4. Academic Press. Nova Iorque.

Kurniawan, F. 2010. A Introdução da Produtividade . http://elearning.esaunggul.ac.id/ mod/resource/view.php?id= 11610[19 Juli 2010].

Lane, M.A, R.L., Baldwin & Jesse B.W., 2000. Desenvolvimento metabólico do rúmen de ovinos

em resposta à idade e aos tratamentos dietéticos. J. Anim. Sci. 78(7):1990-1996.

Lebdosukoyo S. 1983. Utilização de resíduos agrícolas como suporte para a alimentação de ruminantes. *Proc.* Reunião Científica de Ruminantes. Bogor (ID): Centro de Investigação e Desenvolvimento Ranch.

Linsemaier W. 1972. Insect Of the World. Mc Graw-Hill Book Company. Nova Iorque. Longman Scientific and Technical, Nova Iorque.

Lumowo, A. T. 2001. O crescimento de três grilos locais *(Kalung, Cliring, Cendawang)* alimentados com diferentes rações. Ensaio. Faculdade de Ciência Animal. Universidade Agrícola de Bogor. Bogor

Mansy F. 2002. O desempenho dos grilos *Kalung* (*Gryllus bimaculatus*) alimentados com a combinação de concentrado com mostarda e folhas de mandioca durante o seu período de crescimento [ensaio]. Bogor (ID): Faculdade de Ciência Animal. Universidade Agrícola de Bogor.

Matheson, R. 1951. Laboratory Guide in Entomology for Introductory Courses. 2 nd Edit. Comstock Publishing Company Inc., Nova Iorque.

Matthews, R.W. e J.R. Matthews. 1978. Insect Behavior. John Wiley and Sons. Inc. Geórgia.

Mc Donald, P. Edwards, R.A. & Greenhalgh, J.F.D. 2002. Animal Nutrition. 6th ed.

Moss, A.R., J.P. Jouany & Newbold. 2000. Methane Production by Ruminant: its contribution to global, .mi ng. Ann. Zootech. 49:231-253. http://dx.doi.org/10-1051/an-imres: 2000119

Mukson, E. Prasetyo, B. M. Setiawan e H. Setiyawan. 2005. Análise dos factores que influenciam o desenvolvimento das explorações agrícolas em Java Central. Journal of Socioeconomic Animal. Vol 1. 31-37.

Conselho Nacional de Investigação. 2006. Nutrient Requirement of Small Ruminant (Necessidades de nutrientes dos pequenos ruminantes). Washington DC National Academy Press

Napitupulu, D. I. 2003. A composição de aminoácidos da farinha de *Kalung* kets (*Gryllus bimaculatus*) em vários níveis de idade. Tese. Faculdade de Ciências Animais. Universidade Agrícola de Bogor. Bogor

Conselho Nacional de Investigação. 2007. Nutrient Requirement s for Small Ruminants (Necessidades de nutrientes para pequenos ruminantes). Washington DC National Academy Press.

Novianti, J. 2003. Composição química do pó resultante de *Kalung* Cricket (*Gryllus bimaculatus*) tratado a diferentes temperaturas de secagem . Tese. Faculdade de Ciência Animal. Universidade Agrícola de Bogor. Bogor.

Oda, H. e H. Kubo. 1997. Field Crickets, Series of Natural Mystery, PT. Elex Media Computindo Publisher, Jacarta.

Paimin, F.B, Pujiastuti L.E, Erniwati. 1999. *O sucesso da cultura do grilo.* 1st Edição. Bogor (ID): Editora Penebar Swadaya.

Parakassi A. 1999. *Science of Nutrition and Ruminant Feed. Imprensa da Universidade da Indonésia*

Patton, R. L. 1963. Criação de grilos domésticos Acheta domesticus em alimentos comerciais. Ann. Entomol. Soc. Am 56: 250-257.

tratamento com polietilenoglicol na emissão de metano e na fermentação ruminal in vitro. Media Peternakan 38(1): 57-63

Praditya, A. A. 2003. A otimização da criação de grilos *Kalung (Gryllus bimaculatus de geex)* no período de alargamento [Tese]. Faculdade de Ciência Animal.

Universidade Agrícola de Bogor.

Prawoto J.A., C.M.S. Lestari & E. Purbowati. 2001. Performance and Production Opearation od male local shepp with intensif management by used tofu waste as mixed feed. LPPM Diponegoro University Semarang.

produção. Meat Promotion Wales. www.hccmpw.org.uk. Correio eletrónico:info@hccmpw.org.uk publishing.

Purwanti G. 1991. A influência das temperaturas sobre o número de hemócitos do grilo . Bandung (ID): Institut Teknologi Bandung Pr.

Pusparini, P. 2001. Efeito da espécie de grilos e do tipo de eclosão na reprodução. Tese. Faculdade de Ciência Animal. Universidade Agrícola de Bogor.

Raharjo A. 1999. Através do ato de sustento dos grilos. Trubus nº 354, edição de maio de 1999. Ano XXX. Jakarta.

Rahmawati, Y.P. 2010. A Produtividade Empresarial Crescente dos Grilos *Kalung* (*Gryllus bimaculatus)* (Um Estudo de Caso em Java Central e Java Oriental). Tese. Faculdade de Ciência Animal. Universidade Agrícola de Bogor. Bogor

Reksohadiprodjo, S. 1995. Produ n and Operation Management. BPFE, Yogyakarta.

Resh V.H, Carde R.T., 2006. *Encyclopedia of Insects.* Nova Iorque (EUA):Academic Pr.

Rheidol, Parc Merlin, Aberystwyth. 2011. Reduzir as emissões de metano através da melhoria da produção de carne de borrego

Rifadah, N. 2000. A influência do genótipo (espécie de grilos) e do ambiente (alimentação) na capacidade de reprodução dos grilos locais e dos grilos de Jerman. Tese. Faculdade de Ciência Animal. Universidade Agrícola de Bogor. Bogor

Setiawan B. 2015. Criando grilos, os graduados do ITB obtêm um volume de negócios de até Rp. 500 milhões por mês. Kompas, 9 de abril de 2015.

Simanjuntak, P. J. 1998_Introduction Economics Human Resources. Terceira edição. Faculdade de Economia da Universidade da Indonésia Press. Jakarta.

Sinaga W, Astuti D.A., Iskandar E, Wirdateti, Pamungkas J. 2010 Consumo alimentar de Kukang (Nycticebus coucang) no Centro de Primatas Ex situ do IPB . JPI 7 (2) : 69-75

Smith J.B., Mangkoewidjojo S. 1988. Criação, reprodução e utilização de animais de experiência em zonas tropicais. Jacarta (ID). UI Press.

Soekartawi. 1988. Basic Principal of Economic Agriculture. Editora Rajawali. Jakarta.

Sridadi dan Rachmanto. 1999. Técnica de criação de grilos. 1st Edição. Kanisius, Yogyakarta.

Steel R.G.D, Torrie JH. 1993. Statistic Principles and Procedures. Versão B. Sumantri Jakarta (IB) Gramedia Pustaka Utama.

Suara Pembaruan. 2005. Cultivar grilos, porque não?. http://www.suarapembaruan.com/News/2005/06/12. [3 de agosto de 2005].

Sukarno H. 1999. Cricket Farming. Yogyakarta (ID): Kanisius.

Sunyoto A. 2015. Desempenho de grilos *Kalung (Gryllus bimaculatus)* que receberam uma combinação de concentrado alimentar com folhas de mandioca [Tese]. Bogor (ID): Faculdade de Ciência Animal, Universidade Agrícola de Bogor.

Syaiful. 2003. A composição de ácidos gordos de grilos de colar de farinha (Gryllus domesticus) em vários níveis de idade. Tese. Faculdade de Ciências Animais. Universidade Agrícola de Bogor. Bogor

Tiesnamurti, B, Inounu, Subandriyo. 2002. Capacidade de produção de leite de ovelha no primeiro período. Crescimento do borrego antes do desmame. *JITV7* : 227-236

Tim Penulis Pustaka Pelangi Indonesia (PPPI). 1999. Grilos. Surabaya (ID) : Pustaka Pelangi Indonesia.

Tomotake H, Katagiri M, Yamamoto M. 2010. As pupas do bicho-da-seda (Bombyx mori) são uma nova fonte de proteínas e lípidos de alta qualidade. *J Nutr Sci. Vitamin.* 56:446448.

Ueckert, D.N., e R.M. Hansen. 1970. Composição sazonal do peso seco em dietas de grilos mormon. J. Econ. Etomol. 63: 96-98.

Walker T.J., 1987. An Introduction to the Orthopteroid Insect. Em F W Stehr (Eds). Immature Insects. Kendall/Hunt Publishing Company. Lowa.

Wang D, Zhai S.W., Zhang C.X., Bai Y.Y., An S.H, Xu Y.N. 2005. Avaliação do valor nutricional dos grilos de campo como alimento para aves de capoeira. *J. Anim. Sci* 18(5): 667670.

Weiss D.J , Wardrop KJ. 2010. Sca.m's Veterinary Hematology. Avenida do Estado: Blackwell

Widyaningrum P. 2009. Crescimento de três espécies de grilos locais que cultivam em dispersão de densidade e diferentes alimentos. *Licenciatura em Biologia, Faculdade de MIPA. Universidade de Semarang. Berk. Penel. Hayati: 14 (173-177).*

Widyaningrum. 2001. Efeito da densidade populacional e dos tipos de alimentação na produtividade de três espécies de grilos cultivados localmente. Tese. Pós-graduação. Universidade Agrícola de Bogor.

Youdeowei A. 1974. Dissecação do gafanhoto variegado (Zenocerus variates L.).

Londres (Reino Unido) : Universidade de Oxford Pr.
Zuhriyah A. 2015. Identificação Morfométrica de Grilos *Kalung (Gryllus bimaculatus) e Cliring (G. Mitratus)* [Tese]. Bogor (ID): Faculdade de Ciência Animal, Universidade Agrícola de Bogor.

MIX
Papier aus verantwortungsvollen Quellen
Paper from responsible sources
FSC® C105338

Printed by Books on Demand GmbH, Norderstedt / Germany